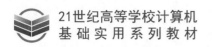
21世纪高等学校计算机
基础实用系列教材

Python程序设计简明教程

第2版

李丽 编著

清华大学出版社

北京

内 容 简 介

本书对第 1 版内容进行了修订,补充了一些新的知识点,增加了许多教学中积累的实例。本书从基础问题出发,逐步引导学生掌握 Python 语言的内容和应用方法,内容包括 Python 语言基础,基本数据类型、运算符和表达式,程序控制结构,序列,字典和集合,函数,文件,Python 第三方库安装及常用库介绍。各章均根据所讲内容给出配套的上机练习和习题。

本书可作为高等学校各专业"计算机程序设计"课程的基础教材,也可以作为广大程序设计开发者、爱好者的自学参考书。

图书在版编目(CIP)数据

Python 程序设计简明教程/李丽编著. —2 版. —北京:清华大学出版社,2024.3
21 世纪高等学校计算机基础实用系列教材
ISBN 978-7-302-65656-2

Ⅰ. ①P··· Ⅱ. ①李··· Ⅲ. ① 软件工具-程序设计-高等学校-教材 Ⅳ. ①TP311.561

中国国家版本馆 CIP 数据核字(2024)第 025741 号

责任编辑:贾 斌 薛 阳
封面设计:刘 键
责任校对:徐俊伟
责任印制:杨 艳

出版发行:清华大学出版社
   网 址:https://www.tup.com.cn,https://www.wqxuetang.com
   地 址:北京清华大学学研大厦 A 座 邮 编:100084
   社 总 机:010-83470000   邮 购:010-62786544
   投稿与读者服务:010-62776969,c-service@tup.tsinghua.edu.cn
   质量反馈:010-62772015,zhiliang@tup.tsinghua.edu.cn
   课件下载:https://www.tup.com.cn,010-83470236
印 装 者:涿州汇美亿浓印刷有限公司
经 销:全国新华书店
开 本:185mm×260mm 印 张:15.75 插 页:1 字 数:378 千字
版 次:2020 年 6 月第 1 版 2024 年 3 月第 2 版 印 次:2024 年 3 月第 1 次印刷
印 数:1~3500
定 价:49.80 元

产品编号:102537-01

本书编委会

（按姓氏笔画排序）

马　旭　　王大勇　　王晓静

孙时光　　李　丽　　吴亚坤

邸春红　　易　俗　　周应强

殷慧文　　董　博

前　言

　　"计算机程序设计"课程是培养学生计算思维和创新能力的有效途径。程序设计是大学计算机基础课程的一个重要组成部分,有着广泛的应用价值。Python 程序设计语言由于其简洁、高效的特点,且具备众多的标准库和第三方库的支持,在各领域的应用中表现得尤为出众,因此,更适合在专业不同、基础不同的大学计算机基础课中讲授。

　　本书在第 1 版的基础之上,由多位教师经过多年教学经验的积累重新修订完成,补充了一些新的知识点,增加了许多教学中积累的实例。本书共分 8 章。第 1 章介绍 Python 语言基础,包括 Python 的基本概念、特点、发展情况等;Python 语言开发工具的安装和使用,Python 语言的常量、变量和保留字,基本的输入输出函数,以及 turtle 库。第 2 章介绍基本数据类型、运算符和表达式,以及与该部分相关的 math 库。第 3 章介绍程序控制结构,包括程序基础知识、3 种基本结构、程序的嵌套、异常处理,以及 random 库。第 4 章介绍序列,包括序列概述、列表、元组和字符串,以及 jieba 库。第 5 章介绍字典和集合,包括字典的概念和操作、集合的概念和操作,以及 wordcloud 库。第 6 章介绍函数,包括函数的基本使用、参数传递、变量的作用域,以及 time 库。第 7 章介绍文件,包括文件的相关概念、文件的使用、文件的读写操作、文件和目录操作、CSV 文件格式读写数据、JSON 文件的操作,以及 pydoc 文件操作。第 8 章介绍 Python 第三方库安装及常用库,首先介绍第三方库的安装方法,然后介绍数据分析与图表绘制、网络爬虫、语言/文本处理、图形用户界面和其他方面的一些常用第三方库。本书基于 Python 3 编写,包含 200 多个教学实例,每一个知识点都配有实例代码并辅以相关说明和运行结果。每章都有配套的上机练习和习题,上机题目 70 余个,配套习题 300 余个,方便教师授课和学生练习。

　　本书是集体智慧的结晶,参与编写的教师都有着多年的相关教学经验。其中,王晓静、马旭编写第 1 章和第 8.1 节,吴亚坤、邸春红编写第 2 章和第 8.2 节,李丽编写第 3 章和第 8.3 节,殷慧文、易俗编写第 4 章和第 8.4 节,王大勇编写第 5 章和第 8.5 节,董博、孙时光编写第 6 章和第 8.6 节,周应强编写第 7 章,李丽负责统稿。

　　本书的编写得到了许多业内人士的大力支持和帮助,特别感谢辽宁大学创新创业学院张向东院长和杜玲丽书记对本书出版的推动和指导,感谢辽宁大学教务处给予的极大帮助,同时感谢宋朋、常青、刘广月、高翔等领导和老师对本书的关心和帮助,教研室各位老师对书稿提出了许多宝贵意见,在此一并表示诚挚的感谢!感谢参考文献中的各位作者,最后感谢出版社编辑耐心细致的答疑、整理和修改。

　　由于 Python 教学方法还需要进一步的探索,虽然作者在经过多轮教学后对本书进行了认真细致的梳理和修订,但难免有疏漏之处,恳请广大读者批评指正。

编　者

2023 年 6 月

目 录

第1章 Python 语言基础

人类自从 1946 年发明计算机以来，在近 80 年的时间里，计算机技术发展日新月异，从最初辅助人类计算为主的单一计算设备发展到今天广泛渗透人类生活各个领域的智能工具，计算机无疑带给人们思想认知、思维方式、意识形态等方方面面的巨大冲击。

从软件层面，程序设计语言层出不穷，种类繁多，Python 语言能够在短时间内从成百上千的同类产品中大浪淘沙、脱颖而出，是因为它自身具备独特的魅力，本章将向大家介绍 Python 语言特点、发展历程、应用领域、版本选择、下载安装等诸多问题，希望可以引领大家快速走进 Python 语言的神奇世界，开启非凡的智慧之旅！

1.1 Python 语言概述

作为程序设计语言，Python 在短短的几年时间内得到了最广泛的应用，几乎所有机器学习、人工智能、大数据分析等知识框架都基于 Python 语言编写。这就使得人们不得不认真思考一个问题：人类为什么要学习计算机编程语言？

有人说，学会编程能够找到一份好工作；也有人说，通过编程解决实际问题能够让人更有成就感；还有人说，学会编程能够准确把握时代脉搏，不被快速变化的社会变革所淘汰。以上说法都有道理。其实，学习计算机编程最重要的好处是能够训练人们的计算思维能力。

人们通过学习数学知识，可以训练逻辑思维能力；学习物理知识可以提升实证思维能力。而计算思维被称作第三种思维模式，它将具体问题之间抽象的交互关系设计成可以利用计算机求解的可行性方案，这种思维模式叫做计算思维。由于计算机在人类生活领域的广泛渗透，理解计算机思考模式，学习并掌握某种高级语言，通过编写并运行代码的形式让计算机帮助人们解决待处理问题是人类必须掌握的技能之一，因此计算思维的训练必不可少。

曾有科学家预言，未来人工智能社会，人与机器沟通的时间将超过人与人之间沟通的时间、频率，甚至人类之间沟通的语言也有极大的可能性被计算机语言替代。如果科学家预想成为现实，那么对全人类而言，当务之急就是抓紧时间培养人们的计算思维能力，以便迎接日新月异的未来挑战。

1.1.1 Python 语言的发展

Python 英文单词的中文翻译是"大蟒蛇"。它的开发者是荷兰人 Guido van Rossum（吉多·范罗苏姆），他既不叫 Python 也不是因为他喜欢大蟒蛇，只是在 1989 年的圣诞节，他闲来无事，准备开发一个新的脚本语言用来打发无聊的圣诞时光。由于他超级喜欢英国

的一部肥皂剧 *Monty Python's Flying Circus*,所以他就将这个未来前途不可限量的程序起名为"Python"。怎么样? 这个名字的来源令人大跌眼镜吧! 今天,很多 Python 语言的粉丝将大蟒蛇当作该语言的 LOGO 形象或代名词,大蟒蛇灵动的形象也加速了 Python 语言的认知与普及,两者相得益彰。

Python 语言自从 1991 年正式发布后,取得了突飞猛进的发展,截止到 2023 年 4 月,它的版本已经更新到 Python 3.11.3,涉及的标准库及第三方函数库多达几十万个,已经成为全世界使用单一语言人数最多的高级语言。通过 Python 语言近三十多年的发展历程,可以得知学习 Python 语言大有可为!

1.1.2 Python 语言的特点

Python 语言之所以能够受到全世界用户的喜爱,这与它自身的特点密不可分。

1. Python 语言是开源语言

所谓开源,是指源程序的代码全部公开。众所周知,信息技术在早期发展过程中曾经设置了森严的专业壁垒,使得技术发展缓慢。但是进入 21 世纪以后,信息技术取得了令人瞠目的创新与发展。

毫不夸张地说,技术的提升离不开底层开发人员和草根工程师开源、共享精神的贯彻实施。因为再高级的技术随着时间的推移都会存在不同程度的局限与瑕疵,技术封锁带来的不是提升和改变,而是被历史无情地淘汰。反之,在开源、共享理念的支撑下,再拙劣的技术也会有长足的改进与发展,因为它凝聚了无数优秀人物智慧的结晶,远远超过最聪明的个体。而 Python 语言正是基于这样一种理念,它包容、创新、开源、共享,三十多年来取得长足进步,不断地推陈出新,生生不息地向前发展。

值得一提的是,Guido van Rossum 曾经开发过一款名为 ABC 的高级语言,但不幸的是 ABC 语言以失败告终。Guido 将 ABC 语言失败最重要的原因归结为该语言不够开放。通过这一事例,可以帮助大家更好地理解 Python 作为一门开源语言的原因与优势。

2. Python 语言是一门免费语言

获取 Python 语言版本的最佳途径是它的官方网站: https://www.python.org。用户可以根据操作系统、位处理器的不同在官网上随时下载各个版本,官方也会不定期地推出更新、更完善的版本。这个网站是由 Python 软件基金会(Python Software Foundation,PSF)维护的,它是一个非营利性组织,拥有 Python 2.1 之后的所有版权,即使用于商业用途也不存在收费及授权问题,目的是可以更好地推进并保护 Python 语言的开放性,因此说 Python 是一门免费的语言。

3. Python 是一门简洁、优雅的语言

相比 C++语言、Java 语言的烦琐复杂,Python 语言的语法风格崇尚简单、自然、实用,编程模式符合人类的思维习惯。用它编写的代码,让人感觉理解方便、编写容易,执行效率高。例如将 A 与 B 两个变量的内容进行交换。

- C++语言

```
# include < stdio.h >          # 框架部分必须完整书写
int main()
{…                            # 需要多条语句才能完成对应功能
```

```
return 0
}
```

- Visual FoxPro 语言

```
c = a                                    ♯需要借助第三个变量
a = b
b = c
```

- Python 语言

```
a, b = b, a                              ♯一条语句就能实现
```

由此可见,同一问题的解决方式用其他高级语言编写代码,至少需要 3 至 4 条语句,而用 Python 语言表达,一条语句就能描述得淋漓尽致,其精妙之处令人击节赞叹。Python 语言的粉丝们甚至发明了一个专有名词叫 Pythonic,特指像 Python 语言那样如此简单、清晰的风格,由此可见人们对这种风格的热爱与推崇。Python 语言这种简洁优雅的特性也是它快速传播、流行、被人们所喜爱的一个非常重要的原因。

4. Python 语言是通用性语言

Python 是一门通用性、跨平台、高级动态编程语言,它拥有众多内置对象及功能强大的标准库和扩展库,不仅支持命令式编程也支持函数式编程,有效地帮助了各领域专业人士快速验证自己思路与创意的需求。

计算机高级语言分为通用性语言和专用性语言两种。在通用性语言中,语法没有专门、特定的程序元素,通用性语言可以编写各种类型的应用程序。由于通用性语言应用范围广泛,被称为跨平台应用的基础,而 Python 语言就是典型的通用性语言。

顾名思义,专用性语言就是只能编写特定程序的语言,例如 HTML(超文本标记语言)。虽然有些专用性语言没有特定应用的程序元素,但应用领域仍然比较狭窄。

5. Python 语言是脚本语言

计算机高级语言根据执行机制的不同分为两大类:静态语言和脚本语言。静态语言采用编译方式执行,而脚本语言采用解释方式执行。无论计算机内部采取哪种执行方式,它最终都生成可执行的文件,对广大用户而言执行程序的方法是一样的,例如双击鼠标调用某一个程序。

但是对计算机而言,内部执行过程采用编译方式还是解释方式具有明显区别:

编译方式是指将程序的源代码集中转换成目标代码的过程。其中,源代码是指人类可以阅读的某种高级语言程序的代码,目标代码是机器可识别的二进制语言。人们把执行编译功能的计算机程序称为编译器(compiler)。

解释方式是将程序的源代码逐条转换成目标代码并逐条运行目标代码的过程。人们把执行解释功能的计算机称为解释器(interpreter)。

两者的主要区别是:编译方式把所有源代码语句全部输入后一次性翻译成目标代码。一旦程序被成功编译,不再需要源代码或编译程序。而解释方式在每次程序运行时都需要解释器和源代码,两者缺一不可。两者的区别如同一段外语资料对翻译者而言是采取段落的整体翻译还是一句一句翻译(同声传译)呢?两者翻译结果一样,但过程大不相同。

采用编译方式执行的编程语言叫静态语言,比如 C 语言、Java 语言等。

采用解释方式执行的编程语言叫脚本语言,如 Python 语言、PHP 语言、JavaScript 语言等。

两者相比谁的优势更明显呢？答案是各有利弊。

解释执行采取逐条运行的方式，它缺乏统揽全局、优化模块的过程。但是由于它采取逐条翻译代码的方式，能够将用户思路彻底呈现，结果清晰可见。同时针对出现的错误能够快速定位、快速纠错。另外，它支持跨硬件或跨操作系统平台，有利于系统的升级与维护。

Python 语言作为被广泛使用的通用型脚本语言，采用了解释方式执行。但是它的解释器也保留了编译器的部分功能。随着程序的运行，解释器也会生成一个完整的目标代码。这种将解释器与编译器结合的新型解释器也是现代脚本语言为了提升计算性能而采取的技术层面的演进。

6. Python 语言是既面向对象又面向过程的语言

用户面临一道待解决的问题时，常见的程序设计方法有面向过程和面向对象两种不同的思路，两者有何区别呢？

面向过程是一种以过程为中心的编程思想。首先，用户要厘清解决问题所需要的所有步骤；然后为每一步骤找到适合的算法；最后通过编写相应代码，一步一步解决问题。

面向对象程序设计的核心思想是：万事万物皆是对象。描述一个对象要分清它的类别、属性、能够完成的动作和方法。为了方便用户使用对象，系统令每个对象具有封装性、抽象性、继承性和多态性等特点。这样，当用户面对一个复杂的事物，不需要考虑每个对象内部细致的工作原理，只需要分清该事物由哪些对象组成，并根据需要为每一个对象设置必要的属性、方法、动作即可。

由于 Python 语言在程序设计过程中既体现了面向对象又体现了面向过程的理念，并把两者有机结合在一起，提高了用户编程效率，也促进了 Python 语言在众多领域的深入发展和广泛流行。

7. Python 语言是生态语言

自然界中的生物种类繁杂多样，彼此之间相互依存、共同繁衍，构成了美丽、多元的大千世界。同样，计算机技术领域也是如此。随着专业分工的精细化和智慧引领的不断深入，以生态资源大融合为特点的包括数据库、图像处理、人工智能、云计算、电子电路设计等几乎所有信息技术领域之间打破专业壁垒，彼此之间交织渗透，在激烈的竞争中不断依存、发展、终结、再生，成为技术创新之源。

Python 语言目前拥有多达几十万个第三方函数库供人们免费使用。为了降低用户使用的复杂度，Python 语言将上述优秀成果"封装"起来，使得人们不用了解每个库函数背后复杂的原理，只需要采取简单的"拿来主义"就能够方便地使用。这种编码方式让人类从此告别自力更生、逐行编写代码的编程方式，取而代之的是以 Python 作为底层语言，像搭积木一样按需所取、调用不同功能的数据库，帮助用户实现了快速编程解决不同领域需求的美好愿望。

这种"高黏合性"以及站在"巨人"肩膀上思考和解决问题的特征被称为信息技术划时代的革命，得到了社会各界人士的广泛认可，推动了信息技术的繁荣与发展，促进了人类文明与进步。

8. Python 之禅的含义

如果用户想要编写具有 Pythonic 风格的代码，理解 Python 之禅的含义就显得格外重要。当我们输入 import this 语句后，系统调用了标准函数库 this，并显示如下信息：

```
The Zen of Python, by Tim Peters        # 题目及作者信息
Beautiful is better than ugly.
Explicit is better than implicit.
Simple is better than complex.
Complex is better than complicated.
Flat is better than nested.
Sparse is better than dense.
Readability counts.
Special cases aren't special enough to break the rules.
Although practicality beats purity.
Errors should never pass silently.
Unless explicitly silenced.
In the face of ambiguity, refuse the temptation to guess.
There should be one -- and preferably only one -- obvious way to do it.
Although that way may not be obvious at first unless you're Dutch.
Now is better than never.
Although never is often better than * right * now.
If the implementation is hard to explain, it's a bad idea.
If the implementation is easy to explain, it may be a good idea.
Namespaces are one honking great idea -- let's do more of those!
```

上述语句被称作 Python 之禅,翻译如下:

优美胜于丑陋

明了胜于隐晦

简洁胜于复杂

复杂胜于凌乱

扁平胜于嵌套

间隔胜于紧凑

可读性很重要

即便假借特例的实用性之名,也不要违背上述规则。

除非你确定需要,任何错误都应该有应对策略。

当存在多种可能,不要尝试去猜测。

只要你不是 Guido,对于问题尽量找一种,最好是唯一明显的解决方案。

做也许好过不做,但不假思索就动手还不如不做。

如果你无法向人描述你的实现方案,那肯定不是一个好方案。

如果实现方案容易解释,可能是个好方案。

命名空间是绝妙的理念,要多多运用。

1.1.3　Python 语言的应用领域

Python 语言拥有丰富的函数库,它的应用领域非常广泛,几乎渗透各行各业:人工智能、大数据分析与处理、系统运行与结构、文本处理、虚拟现实、逻辑控制、创意绘图、随机艺术、逆向工程与软件分析、电子取证、游戏设计与策划、移动终端开发、科学计算可视化、云计算、深度学习、树莓派开发……目前,Python 已经成为国内外很多大学计算机专业或非计算机专业的入门教学语言,它的应用领域将不断向纵深发展。

1.1.4 Python 语言的适用性及局限性

现如今，随着 ChatGPT 在各个场景、各个领域的广泛应用，人类加快迈进人工智能时代的步伐。若想在人工智能领域有所建树，学习并熟练掌握 Python 语言必不可少，同时也要正确理解每一种高级语言的特点。

以人工智能为例，其核心算法如深度学习、机器学习等代码通常由 C/C++ 语言编写，因为它们属于计算密集型算法，需要非常精细的优化过程。另外，为了解决核心问题还需要使用 GPU 及各种专用硬件接口，这些都只有 C/C++ 语言能够做到，从某种意义上讲 C/C++ 语言才是人工智能领域最重要的语言。

Python 语言作为一种脚本语言，运行速度虽然没有 Java、C++ 语言快，但是它编写代码简洁、优美。因此可以充分发挥 Python 语言的长处，用它来调用人工智能的各种功能接口，也就是说利用 Python 语言写出调用接口的框架，告诉系统第一步做什么，第二步做什么……上述调用工作只需几行代码就可以完成。

由此可见，任何一门高级语言都有其适用性及局限性。各种语言交叉并用，充分利用不同语言的特点寻找现实世界复杂问题的最优解决方案是最成熟、最实际、最高效的策略。

1.2 Python 语言的下载及安装方法

（1）找到 Python 语言官网 https://www.python.org，如图 1-1 所示。

图 1-1 Python 官网界面

（2）选择菜单项 Downloads，并根据自己计算机的配置情况选择对应的操作系统，分别是 Windows、Linux/UNIX、macOS 或者其他操作系统。

（3）选择对应的操作系统名称链接后可以看到如图 1-2 所示的界面。在该界面中，系统给出最新版本号并指出相对比较稳定的版本号，同时提示该版本不适用 Windows 7 及以前更早的操作系统，否则就会出现安装错误。

用户需要结合自己计算机的实际情况选择 32 位处理器或 64 位处理器，选择适合的版本下载，并指定下载文件的路径。

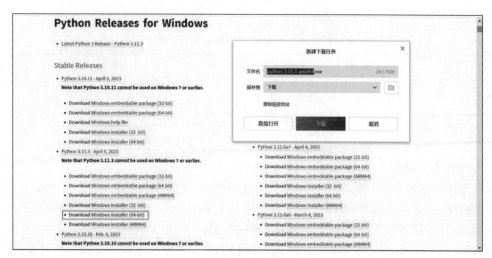

图 1-2　选择相关版本界面

若使用 Windows 操作系统、64 位处理器,想下载 Python 3.11 版本则选择该界面左下方的 Download Windows installer(64-bit),注意不要选择 Download Windows embeddable package(64-bit)选项。

(4) 用户在指定路径下找到成功下载的 Python 文件,双击该应用程序,则系统显示如图 1-3 所示的界面。用户需要在两种安装模式"立刻安装"或"个性化安装"中进行选择。对于初学者,建议选择"立刻安装"(Install Now)。注意:一定要将最下面的 Add python.exe to PATH 复选框选中,否则在日后安装第三方函数库时容易报错。

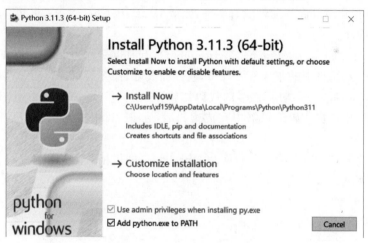

图 1-3　安装模式选择界面

1.3　Python 语言的开发工具

1.3.1　Python 语言版本的选择

自从 1991 年问世以来,Python 语言的版本不断地更迭,用户在官网上可以同时下载 Python 2.x 和 Python 3.x 两个不同系列的版本,但需要注意的是,两者不完全兼容! 主要区别如表 1-1 所示。

表 1-1   Python 2.x 版本与 Python 3.x 版本的区别

版　　本	发 布 时 间	终结(当前)版本	特　　点
Python 2.x	2000 年 10 月	Python 2.7	具有划时代意义、解决了运行环境及解释器等诸多问题
Python 3.x	2008 年 12 月	Python 3.11.3 (截至 2023 年 4 月)	面向对象、增加了许多新标准库,对原来的库进行删除、合并及拆分

Python 3.0 发布于 2008 年 12 月份,它是 Python 语言的一次重大升级,内部解释器完全采用面向对象的方式,剔除了 Python 2.x 系列中部分混淆的表达方式。对初学者而言,两者差距很小,学会使用 Python 3.x 系列也能看懂 Python 2.x 系列的语法表达方式。

如果用户在工作、学习中的开发环境已经采用 Python 2.x 系列版本并且无法改变开发环境,请使用 Python 2.x 系列版本。还有一种情形是用户使用的某一个第三方数据库因为无人维护,不提供 Python 3.x 系列版本,也请使用 Python 2.x 系列版本。

从 2008 年开始,Python 语言编写的几万个标准库和第三方函数库开始了历经 8 年的版本升级过程。直到 2016 年,几乎所有的 Python 语言重要的标准库和第三方函数库都能够在 Python 3.x 系列版本下运行,Python 3.x 系统越来越稳定,功能越来越完善。因此,有人称 Python 2.x 系列已经成为过去,Python 3.x 系列代表现在与未来。本书采用 Python 3.x 版本编写并运行程序,也请读者根据需要下载适合的版本。

1.3.2 Python 语言常用集成开发环境

Python 语言常用集成开发环境有多种,比如 IDLE、PyCharm 等。

1. IDLE 简介

IDLE(Integrated Development Environment),有时也简称为 IDE。IDLE 是 Python 创始人创建的一个系统自带的集成开发环境,它界面友好、操作简单,方便用户操作使用。

IDLE 不仅提供了一个功能完善的代码编辑器,还提供了一个 Python Shell 解释器和调试器。它允许用户在代码编辑器中完成编码后,在 Shell 中实验运行并且使用调试器进行调试。

用户成功安装 Python 系统后,就可以打开 IDLE 进行相关操作。常见的操作方式有交互式和文件式两种。

1) 交互式

打开 IDLE,如图 1-4 所示。

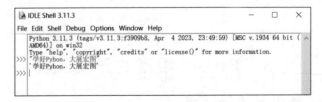

图 1-4   IDLE 交互式运行环境

IDLE 的第一行标明了系统的版本号。第二行是系统菜单,上面包含众多子菜单,用以完成各种编辑调用功能。它由"＞＞＞"开头,表示命令提示符。用户需要在半角、英文标点符号状态下输入数据、命令、函数、界限符等相关信息。

当用户输入一行命令再按 Enter 键,系统立刻执行该语句(代码)。如果用户输入的信息正确无误,系统立即显示结果,否则给出错误信息产生的具体原因。如果系统提示出现错误,用户不能对已经执行过的命令、结果、文字进行修改,只能通过重新输入正确的语句再运行、再调试,直到得出正确结果为止。

2) 文件式

用户使用交互式方法与计算机沟通具有方便、快捷的特征。但有时用户不希望在输入某个命令后立刻得到结果,或者说在输入几条命令后再得到想要的结果,这时采用交互式沟通就显得无能为力了。为了解决这个问题,需要使用另一种人机对话方式——文件式。

创建程序文件需要以下 4 个步骤。

(1) 创建一个程序文件。打开 IDLE 编辑器,在菜单中选择 File→New File,这时系统会打开一个新的窗口,而这个新窗口并不是交互模式,它是一个具备 Python 语法高亮辅助的编辑器,我们称之为"程序编辑窗口"。

(2) 编写代码。用户需要在编辑器中逐行输入解决相关问题的代码。比如输入如下语句:print("这是我的第一个程序!")。

(3) 保存并运行程序。在菜单中选择 File→Save(Save as),将上述代码命名为一个扩展名为.py 的文件,主文件名自行定义,并保存在适合的路径下。

(4) 运行程序文件。在菜单中选择 Run→Run module 或者按快捷键 F5,运行该文件。如果代码正确,系统回到 IDLE 编辑器显示结果,否则在编辑器中给出错误信息产生的原因。用户需要重新回到"程序编辑窗口"修改,直到生成正确的结果。

如果一段程序经过测试变成了可执行的文件,它可以被用户反复调用,也可以在不同的集成环境中运行。这就是人机交互过程中文件式与交互式的最大区别。

需要说明的是,如果用户成功创建了某个扩展名为.py 文件,不能通过双击操作执行该文件(有时出现闪退现象),只能通过在 IDLE 操作环境中打开该文件并选择相关命令或菜单操作(比如 Run module 或按 F5 快捷键)方可运行或修改该文件。

3) IDLE 使用技巧

细心的读者可能会发现在 IDLE 中输入不同种类的信息所呈现的字体颜色五花八门。不同颜色背后有规律可循吗? 除此之外还有哪些使用小技巧呢? 表 1-2 将会为读者答疑解惑。

表 1-2　IDLE 使用技巧

高亮显示颜色名称	颜色含义	快捷键名称	快捷键功能
橘黄色	关键字(33 个)	Alt+P	返回上一条命令
绿色	字符串	Alt+N	移至下一条命令
紫色	内置函数	F5	运行当前程序
红色	注释	Ctrl+Z	撤销最后一次操作
蓝色	结果	Ctrl+\	显示函数参数提示

2. PyCharm 简介

PyCharm 是一款功能强大的 Python 语言集成开发环境,具有跨平台性。但它并不是 Python 系统自带的,而是由 JetBrains 开发的。PyCharm 具有 IDE 具备的常规功能,比如调试、语法高亮、Project 管理、代码跳转、智能提示、自动完成、单元测试、版本控制等。

1）PyCharm 的下载及安装

PyCharm 的下载地址是：http://www.jetbrains.com/pycharm/download/♯ section = windows。

进入该网站后，可以看到如图 1-5 所示的界面。其中 Professional 表示专业版，Community 是社区版。推荐安装社区版，因为是免费使用的。下载成功后，按照系统提示的步骤单击 Next 按钮进行安装。安装过程中，会显示绿色安装进度条，如图 1-6 所示。接下来需要指定安装的路径，如图 1-7 所示。

图 1-5　PyCharm 下载界面

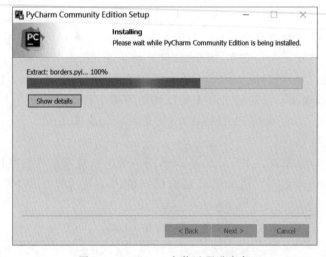

图 1-6　PyCharm 安装过程进度条

2）建立编译环境

安装路径设置后，系统会进入如图 1-8 所示的界面，对相关配置环境进行选择，例如，放在桌面上作为快捷方式、生成可应用的 .py 文件等。

3）创建新的项目文件

安装完毕的界面如图 1-9 所示。按照系统提示进入如图 1-10 所示的界面，单击选项 New Project，生成一个新的项目文件。接下来，根据系统提示指定项目文件的安装位置，如图 1-11 所示，并单击 Create 按钮，项目文件创建成功后会显示如图 1-12 所示的编辑界面。

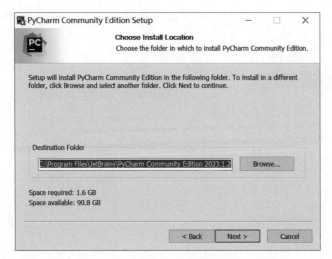

图 1-7　PyCharm 安装路径设置

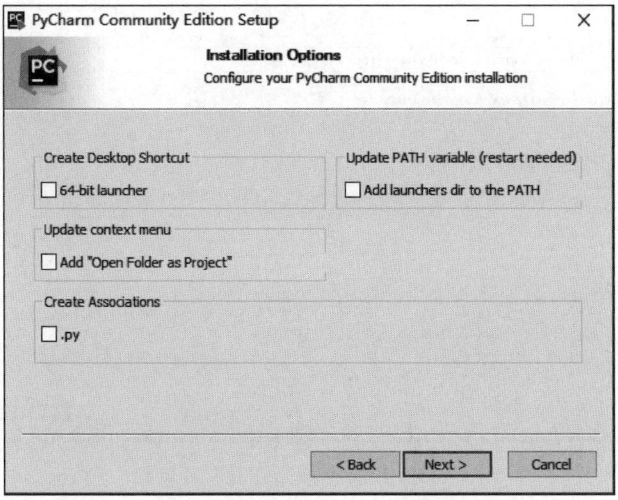

图 1-8　PyCharm 配置编译环境

图 1-9　PyCharm 安装完毕界面

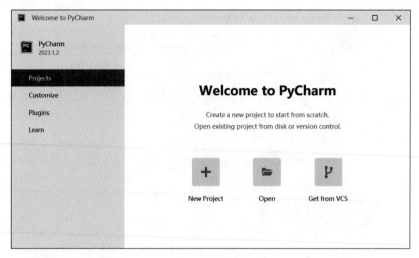

图 1-10　创建项目文件

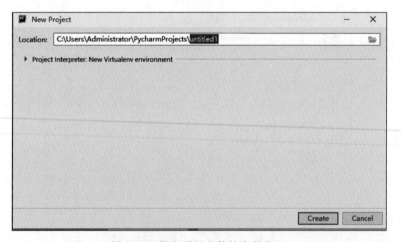

图 1-11　指定项目文件的安装位置

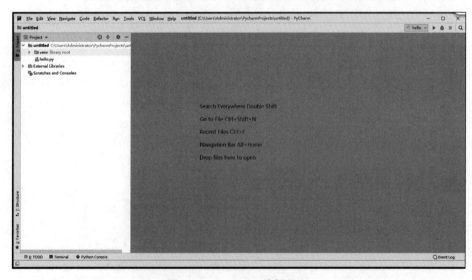

图 1-12　PyCharm 编辑界面

4）创建.py 文件

选择菜单中的 File→New→Python File 命令。注意，如果在 New 的级联菜单中没有找到 Python File 文件，用户也可以在左侧 Project 项目界面的空白处右击，在弹出的快捷菜单中选择 Python File 命令，如图 1-13 所示。根据系统要求为新建的 Python 文件命名，例如"hello.py"，如图 1-14 所示。

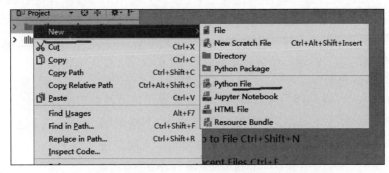

图 1-13　在 PyCharm 环境下新建 Python File 文件

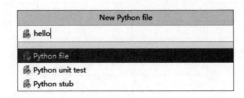

图 1-14　为新建 Python File 文件命名

5）编辑并运行 Python 文件

用户命名后，系统在右侧编辑区域列出该文件的名称，并出现高亮光标闪烁，等待用户输出相关语句，如图 1-15 所示。用户根据需要输入相关语句，可以看到系统在每条语句前面自动加行标识符，从"1"开始依次递增。输入完毕后，用户可以选择系统菜单中的 Run，并选择要运行的文件。如果没有任何错误，系统会在下方显示运行结果，否则会给出详细的出错原因。

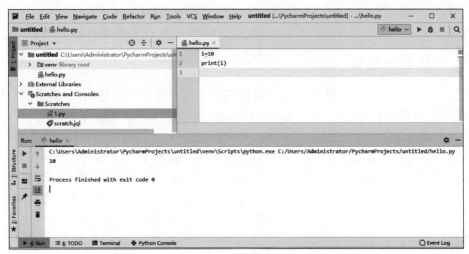

图 1-15　运行 Python File 文件并显示结果

1.4 标识符、常量和变量

1.4.1 标识符

在使用 Python 语言编写程序的过程中，经常要对使用的程序元素（变量、函数、数组、文件等）进行命名。在程序中用于标识变量名、函数名、数组名、文件名等的符号称为标识符。简单地说，标识符就是一个使用对象的名字。Python 语言标识符应遵循如下规则。

- 由字母、数字、下画线三种字符组成（可以使用汉字，大小写不同）。
- 首字符不能是数字。

标识符可分为系统标识符和用户标识符，其中系统标识符是系统预先定义的标识符，也称作保留字或关键字（keyword）。Python 语言有 35 个保留字，如表 1-3 所示，用户标识符是用户自定义的标识符，Python 语言规定用户标识符不能使用保留字。

表 1-3 **Python 语言的 35 个保留字列表**

False	def	if	raise
None	del	import	return
True	elif	in	try
and	else	is	while
as	except	lambda	with
assert	finally	nonlocal	yield
break	for	not	async
class	from	or	await
continue	global	pass	

以下是合法的用户标识符：var1、var_1、_var1、变量 1、变量_1、For、FOR。
以下是不合法的用户标识符：1var、var.1、var-1、变量.1、变量-1、for。
程序中使用不合法的标识符，系统错误提示如下：

```
>>> 1a = 15
SyntaxError: invalid syntax
```

注意：Python 语言对大小写字符敏感，VAR1、Var1 和 var1 是不同的变量名。

1.4.2 常量和变量

常量是指在程序运行过程中，其值不能改变的量。常量有不同的类型，如整型常量、实型常量、字符串常量等。例如 10、20 是整型常量，3.14、2.71 是实型常量，"Python"是字符串常量。

变量是指在程序运行过程中，其值可以改变的量。在 Python 语言中，不需要事先声明变量名及其类型，直接赋值即可创建任何类型的对象变量。不仅变量的值是可以变化的，变量的类型也是可以变化的，Python 语言解释器会根据赋值运算右侧表达式的值来推断创建变量的类型。例 1-1 中先后创建变量 a，其类型是随赋值而变化的。

注意：与许多编程语言不同，Python 语言中的变量并不直接存储值，而是存储了值的内存地址或者引用，这也是类型可以改变的原因。

【例 1-1】 变量类型的变化。

```
>>> a = 15
>>> type(a)                    ♯查看变量 a 的类型
<class 'int'>
>>> a = 3.14
>>> type(a)
<class 'float'>
>>> a = "Python"
>>> type(a)
<class 'str'>
```

变量名用在赋值号(详见第 2 章)左右两侧意义不同。用在赋值号左侧的变量名可以看作是变量引用的存储空间,而用在赋值号右侧的变量名可以看作是变量所引用存储空间中的值,例如 a＝a＋10,实际上是变量 a 中的原值加 10 后再存入变量 a。

【例 1-2】 赋值号左右两侧变量名的理解。

```
>>> a = 100
>>> b = 200
>>> a = a + b
>>> b = b + a
>>> a, b                       ♯显示变量 a,b 的值
(300, 500)
```

1.5 基本输入输出函数

1.5.1 input()函数

input()函数是 Python 语言内置函数之一,用于完成变量的输入。

调用格式:

<变量> = input(提示信息)

在 Python 语言中用 input()函数实现变量的输入,不管用户在控制台输入字符串还是数值,函数的返回值始终为字符串类型。

【例 1-3】 input()函数练习。

```
>>> name = input("请输入姓名:")
请输入姓名: Zhang3                    ♯"Zhang3"为用户输入的数据
>>> name
'Zhang3'
>>> a = input("请输入整数 a:")
请输入整数 a: 95                      ♯"95"为用户输入的数据
>>> a
'95'
>>> a + 85                           ♯表达式类型不一致,下面是错误提示
Traceback (most recent call last):
  File "<pyshell♯4>", line 1, in <module>
    a + 85
TypeError: can only concatenate str (not "int") to str
```

15

第
1
章

Python 语言基础

1.5.2　eval()函数

eval()函数是 Python 语言中经常使用的内置函数之一，用来解析给定的字符串表达式，并返回表达式的值。

调用格式：

\<变量\> = eval(字符串表达式)

【例 1-4】　eval()函数练习 1。

```
>>> a = 15
>>> b = 25
>>> eval("a + b")                    ♯相当于去掉字符串表达式两端的双引号
40
>>> eval(a + b)                      ♯参数类型不是字符串类型,下面为错误提示
Traceback (most recent call last):
  File "< pyshell♯4 >", line 1, in < module >
    eval(a + b)
TypeError: eval() arg 1 must be a string, bytes or code object
```

【例 1-5】　eval()函数练习 2。

```
>>> a = input("请输入整数 a:")
请输入整数 a: 95
>>> a = eval(a)                      ♯转换 a 为数值类型
>>> a
95
```

Python 语言编程中经常使用例 1-5 语句组合完成数值变量的输入。

```
>>> a = eval(input("请输入整数 a:"))
请输入整数 a: 95
>>> a
95
```

注意：以上例句可以简单理解为"eval()用于去掉字符串两端的界限符"，实际应用中 eval()函数还有许多作用。

1.5.3　print()函数

print()函数也是 Python 语言内置函数之一，用于输出数据对象。

调用格式：

print(objects, sep = ' ', end = '\n')

参数说明：

- objects：可以一次输出多个对象，输出多个对象时，需要用逗号分隔。
- sep：设定输出多个对象时的分隔符，默认为一个空格。
- end：用来设定输出的结尾字符。默认值是换行符"\n"，若输出后不想进行换行操作，也可以换成其他字符。

【例 1-6】 print()函数练习。

```
>>> print("lnu.edu.cn" , "Hello World")
lnu.edu.cn Hello World
>>> print("lnu.edu.cn","Hello world" , sep = ",")
lnu.edu.cn, Hello world
>>> a = 15
>>> print(a,a * a)
15 225
>>> print("a = ",a,"a * a = ",a * a)
A = 15 a * a = 225
```

【例 1-7】 编写程序,完成从键盘输入圆半径,输出圆面积及周长。

参考代码如下:

```
1   #E1 - 7.py
2   #输入半径,求圆面积与周长并输出
3   r = input("输入圆半径:")
4   r = eval(r)
5   s = 3.14 * r * r
6   c = 2 * 3.14 * r
7   print("半径",r)
8   print("面积",s,"周长",c)
```

1.6   turtle 库

Python 语言的 turtle 库是一个直观有趣的图形绘制函数库,也是 Python 语言标准库之一。turtle(海龟)图形绘制的概念诞生于 1969 年,绘图方法可以想象为一只小海龟,在一个横轴为 x、纵轴为 y 的坐标平面中,以原点(0,0)位置为开始点,根据一组函数指令的控制来移动,从而在它爬行的路径上绘制出图形。

1.6.1   库的导入

库是具有相关功能模块的集合。Python 语言的库分为标准库和第三方库两种。标准库是 Python 语言自带的库,无须额外安装就可以直接使用。第三方库是由第三方提供的,需要安装后才可以使用。使用标准库或第三方库之前均应先导入该库,常用的导入方式有两种,下面以 turtle 库为例介绍这两种方式的使用:

方式 1:

`import turtle [ as 别名 ]`

采用该方式导入 turtle 库后,使用 turtle 库中函数时必须以"turtle. 函数名"或"别名. 函数名"的形式表示。

方式 2:

`from turtle import * | <函数名 1 > [, <函数名 2 > [,……]]`

采用该方式可以导入 turtle 库中指定的内容,* 表示所有对象。若 import 后接函数名,则用该方式只能导入 turtle 库中指定的内容,其他未导入的内容将不可使用。使用该方式导入 turtle 库中所有对象后,使用 turtle 库中函数时可以直接使用函数名,无须再加

turtle 或者别名前缀。

注意：导入其他标准库或第三方库均可参照以上方式。

1.6.2 画布与画笔设置

画布就是 turtle 为我们展开用于绘图的区域，我们可以设置它的大小和所在屏幕的初始位置。

1. 画布属性设置

- turtle. screensize(width，height，bg)

设置画布大小、背景。参数分别为画布的宽、高（单位像素）、背景颜色。

例如：turtle. screensize(800，600，"green")

默认画布大小（400，300），白色背景。参数为空时，返回当前画布大小。

```
>>> from turtle import *
>>> screensize()
(400,300)
>>> screensize(800,600)
>>> screensize()
(800,600)
```

- turtle. setup(width，height，startx，starty).

设置画布显示窗口大小、位置。参数 width、height 输入宽和高为整数时表示像素，为小数时表示占据屏幕的比例，(startx，starty)这一坐标表示窗口左上角顶点与屏幕左上角的距离，如果为空，则窗口位于屏幕中心。显示窗口的大小设置若小于画布，窗口会显示滚动条。

例如：turtle. setup(0.6，0.6)

turtle. setup(800，800，100，100)

2. 画笔属性设置

在画布上，默认有一个坐标原点为画布中心的坐标轴，坐标原点上有一只面朝 x 轴正方向的虚拟小海龟（画笔）。turtle 绘图中，就是使用位置和方向描述小海龟的状态。画笔的属性包括画笔的颜色、画线的宽度、画笔的移动速度等，设置函数如下。

- turtle. pensize(width)：设置画笔线条的宽度为 width 像素，无参数输入时返回当前画笔宽度。
- turtle. colormode([1.0|255])：设置画笔的颜色模式，颜色模式取值 1.0 或 255，colormode 为 1.0 时 R,G,B 取值范围为[0,1.0]的小数，colormode 为 255 时 R,G,B 取范围为[0,255]的整数。默认为 colormode(1.0)。无参数时返回当前颜色模式值。

注意：RGB 颜色模式是工业界的一种颜色标准，也是目前电子设备通用的颜色模式，通过打在显示屏上红（R）、绿（G）、蓝（B）三色电子光束的强弱变化，相互叠加来得到各式各样的颜色。在计算机中，通常情况下，R、G、B 各用一个字节表示，每个颜色可有 256 级变化。通过计算，256 级的 RGB 色彩总共能组合出约 1678 万种色彩，即 $256 \times 256 \times 256 = 16777216$。通常也被简称为 1600 万色或千万色，也称为 24 位色（2 的 24 次方）。

- turtle. pencolor(colorstring)：设置画笔的颜色，无参数输入时返回当前画笔颜色值。参数 colorstring 可以是"green""red""blue""yellow"等英文字符串。部分常用的 RGB 颜色对照表如表 1-3 所示，更多的颜色字符串可以参见附录 B。

表 1-4　部分常用 RGB 颜色对照表

颜　　色	RGB 的整数值	RGB 的小数值	十六进制串
white	255,255,255	(1,1,1)	#FFFFFF
black	0,0,0	(0,0,0)	#000000
red	255,0,0	(1,0,0)	#FF0000
green	0,255,0	(0,1,0)	#00FF00
blue	0,0,255	(0,0,1)	#0000FF
yellow	255,255,0	(1,1,0)	#FFFF00
gold	255,215,0	(1,0.8,0)	#FFD700
violet	238,130,238	(0.9,0.5,0.9)	#EE82EE
purple	160,32,240	(0.6,0.1,0.9)	#A020F0

注意：上述函数中参数 colorstring 也可以写作其 RGB 三元组对应的十六进制串,函数也可以写成 turtle.pencolor(r,g,b) 格式,其中(r,g,b)取值范围取决于颜色模式的设定。

例如：pencolor("red") 也可以写作 pencolor("#FF0000") 或 pencolor(1,0,0) 或 pencolor(255,0,0); pencolor("purple") 也可以写作 pencolor("#A020F0") 或 pencolor(0.6,0.1,0.9)或 pencolor(160,32,240)。

- turtle.speed(speed)：设置画笔的移动速度,画笔绘制的速度范围在 [0,10]整数之间。其中,速度为 0 时,表示没有动画;速度为[1,10]的整数时,数字越大画笔移动速度越快。

1.6.3　绘图命令

操纵画笔绘图有着较多的命令,这些命令可以划分为 3 种：画笔运动命令、画笔控制命令、全局控制命令。下面举例介绍部分常用的绘图命令,更多的绘图命令请参考附录 A。

1. 移动画笔与转角绘图

在绘制由若干连续图形片段组成的较复杂图形时,每次绘制某个连续图形片段前,需要提起画笔,并预先确定画笔位置与方向。下面是移动画笔与转角绘图的常用命令。画笔方向如图 1-16 所示。

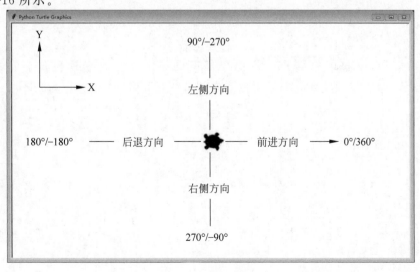

图 1-16　画布窗口

Python 语言基础

- penup()/pu()/up()

提起画笔，此时移动画笔不绘图，用于重新设置画笔位置，通常在 pendown() 后开始绘图。

- pendown()/pd()/down()

放下画笔，画笔移动时绘制图形，为默认设置。

- forward(distance)/fd(distance)

画笔向当前方向移动 distance 像素距离。

- backward(distance)/bk(distance)

画笔向相反方向移动 distance 像素距离。

- right(angle)/rt(angle)

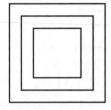

画笔顺时针移动 angle 角度。

- left(angle)/lt(angle)

画笔逆时针移动 angle 角度。

- setheading(angle)/seth(angle)

设置当前画笔朝向为 angle 角度。

图 1-17 例 1-8 演示效果

【例 1-8】 绘制三层嵌套正方形，如图 1-17 所示。

参考代码如下：

```
1   #E1-8.py 绘制三层嵌套正方形
2
3   from turtle import *
4   setup(600,600)              #设置画布大小
5   reset()                     #清空窗口,重置 turtle 状态为起始状态
6   pensize(5)
7   pencolor('red')
8
9   #绘制外层正方形
10  pu()                        #提笔后定位,否则有画痕
11  goto(-200,-200)             #外层正方形起点坐标
12  pd()
13  fd(400)                     #外层正方形边长为 400 像素
14  lt(90)
15  fd(400)
16  lt(90)
17  fd(400)
18  lt(90)
19  fd(400)
20
21  #绘制中间正方形
22  pu()
23  goto(-150,-150)            #中层正方形起点坐标
24  pd()
25  seth(0)                     #重新设定画笔角度为 0
26  fd(300)                     #中层正方形边长为 300 像素
27  lt(90)
28  fd(300)
29  lt(90)
```

```
30 fd(300)
31 lt(90)
32 fd(300)
33
34 ♯绘制内层正方形
35 pu()
36 goto(-100,-100)              ♯内层正方形起点坐标
37 pd()
38 seth(0)                       ♯重新设定画笔角度为0
39 fd(200)                       ♯内层正方形边长为200像素
40 lt(90)
41 fd(200)
42 lt(90)
43 fd(200)
44 lt(90)
45 fd(200)
```

2. 连接给定坐标点绘图

绘图前若能够确定各连接点坐标位置,使用 goto()命令移动画笔,连接给定坐标点绘制连续线段,是最简单、实用的线段绘图方法。

- goto(x,y)

移动画笔到指定坐标位置。

图 1-18   例 1-9 演示效果

【例 1-9】 连接下面给定坐标点绘图,如图 1-18 所示。

坐标点:$(0,200)$,$(200,0)$,$(50,0)$,$(200,-100)$,$(30,-100)$,$(30,-250)$,$(-30,-250)$,$(-30,-100)$,$(-200,-100)$,$(-50,0)$,$(-200,0)$。

参考代码如下:

```
1  ♯ E1-9.py 按给定坐标点绘图
2
3  from turtle import *
4  reset()
5  pensize(5)
6  pencolor("red")
7
8  pu()                          ♯定位画笔到绘图起点
9  goto(0,200)
10 pd()
11
12 goto(200,0)                   ♯移动画笔绘图
13 goto(50,0)
14 goto(200,-100)
15 goto(30,-100)
16 goto(30,-250)
17 goto(-30,-250)
18 goto(-30,-100)
19 goto(-200,-100)
20 goto(-50,0)
21 goto(-200,0)
22 goto(0,200)
```

22

3. 圆形绘制与图形填充

绘制圆形命令既可以绘制任意弧度的圆弧，也可以绘制任意边数的正多边形，是 Python 语言绘图常用的命令。填充命令可用于封闭图形的填充。

- circle(radius,[extent,steps])

绘制半径为 radius 的圆形。radius 值为正（负）数时，圆心分别在画笔方向左（右）侧。turtle 初始状态时画笔指向屏幕右侧，所以 radius 为正数时，圆心在画笔上方，绘制的圆形在画笔上方。反之，绘制圆形在画笔下方。

可以设定绘制弧形的弧度 extent，反方向为负数，默认为绘制整个圆形。

完成 extent 弧度绘图时，可以设置弧形内切边数（分几步绘制）steps。默认 extent＝None，steps 为圆形内切多边形边数，绘制内接多边形。

图 1-19 给出了在三种参数设置下 circle() 函数绘制的不同图形。

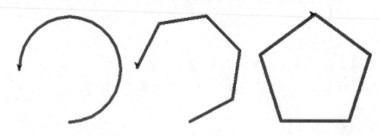

图 1-19　circle(100,270)、circle(100,270,5)、circle(－100,steps＝5)绘制图形

- color(pencolor,fillcolor)

同时设置画笔颜色（边框颜色）与填充颜色。

- begin_fill()

以当前位置为起点，开始填充图形。

- end_fill()

以当前位置为终点，结束填充图形。

注意：当开始和结束没有形成闭合区域时，系统会默认开始和结束点连接在一起。

【例 1-10】　用不同颜色填充内切圆，如图 1-20 所示。

参考代码如下：

```
1  # E1-10.py
2  #用不同颜色填充内切圆
3  from turtle import *
4  setup(600,600)              #设置画布大小
5  reset()
6  pensize(5)
7
8  pu()                        #定位画笔到绘图起点
9  goto(0,-200)
10 pd()
11
12 color('red','green')        #绘制红边框绿色填充的大圆
13 begin_fill()
14 circle(200)
```

```
15 end_fill()
16
17 color('red' , 'yellow')          #绘制红边框黄色填充的中间圆
18 begin_fill()
19 circle(150)
20 end_fill()
21
22 color('red' , 'purple')          #绘制红边框紫罗兰色填充的小圆
23 begin_fill()
24 circle(100)
25 end_fill()
```

图 1-20　例 1-10 演示效果

上机练习 1

【题目 1】　参照第 1.2 节和第 1.3 节的内容,学习安装 IDLE 和 PyCharm。

【题目 2】　创建程序文件,实现利用 turtle 库函数绘制外切四圆环、三层正方形螺旋线,三层同心圆环,叠加等边三角形,效果如图 1-21 所示。

提示:本例在绘制外侧各外切圆环时,定位后还要考虑画笔方向,可以通过 setheading (angle)/seth(angle) 调整画笔方向。

【题目 3】　创建程序文件,实现利用 turtle 库中颜色填充函数填充图 1-21 的三层同心圆环、红背景黄色五角星,效果可参考图 1-22。

提示:画布背景颜色设置使用函数 screensize(width,height,bg)。

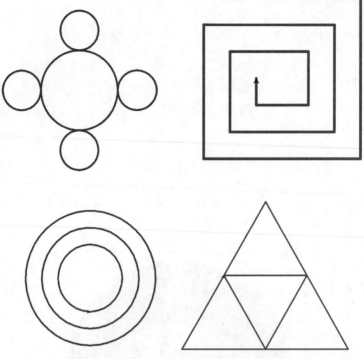

图 1-21 【题目 1】效果图

图 1-22 【题目 2】效果图

习 题 1

【选择题】

1. 关于 Python 语言的特点，以下描述错误的选项是（　　）。

　　A. Python 语言是脚本语言

　　B. Python 语言是跨平台语言

　　C. Python 语言是编译型语言

　　D. Python 语言是开源语言

2. 下列语言中是静态语言的是（　　）。

    A. Java 语言　　　　　　　　　　　B. JavaScript 语言

    C. Python 语言　　　　　　　　　　D. PHP 语言

3. Python 是下列哪一种类型的编程语言？（　　）

    A. 机器　　　　　B. 解释　　　　　C. 编译　　　　　D. 汇编

4. Python 语言采用 IDLE 进行交互式编程，其中">>>"符号的含义是（　　）。

    A. 运算操作符　　　　　　　　　　B. 程序控制符

    C. 命令提示符　　　　　　　　　　D. 文件输入符

5. 现有 4 个标识符：① 1A　② A1　③A-1 ④A_1,可以作为用户标识符的是（　　）。

    A. ①②　　　　　B. ②③　　　　　C. ②④　　　　　D. ③④

6. 以下不可以作为用户标识符的是（　　）。

    A. true　　　　　B. True　　　　　C. TRUE　　　　　D. For

7. 以下可以作为用户标识符的是（　　）。

    A. A name　　　　B. A.name　　　　C. A_name　　　　D. A-name

8. 在 Python 语言中,下列说法正确的是（　　）。

    A. 常量的值不能改变,常量的类型可以改变

    B. 变量的值可以改变,变量的类型不能改变

    C. 变量的值可以改变,变量的类型也可以改变

    D. 常量的值能通过赋值语句改变

9. 在 Python 语言中,以下正确的选项是（　　）。

    A. 利用 import turtle 导入 turtle 库后,可以直接使用 turtle 函数 pencolor()

    B. 利用 import turtle * 导入 turtle 库后,可以直接使用 turtle 函数 pencolor()

    C. 利用 from turtle import * 导入 turtle 库对象后,可以直接使用 turtle 函数 pencolor()

    D. 利用 from turtle import 导入 turtle 库对象后,可以直接使用 turtle 函数 pencolor()

10. 以下选项中,不是 Python 语言关键字的是（　　）。

    A. for　　　　　B. elif　　　　　C. continue　　　　　D. type

11. 关于 Python 语言的描述,以下选项说法正确的是（　　）。

    A. 变量的类型可以改变

    B. 变量可以直接使用,无须提前创建

    C. in 可以当作一个变量名

    D. 666 可以当作一个变量名

12. 以下选项中,不符合 Python 语言命名规则的是（　　）。

    A. apple_12　　　　　　　　　　　B. apple12_

    C. 12_apple　　　　　　　　　　　D. _12apple

13. 在 Python 语言中,用于获取用户输入的函数是（　　）。

    A. get()　　　　　B. input()　　　　　C. print()　　　　　D. eval()

14. 以下选项不是 Python 语言关键字的是（　　）。

    A. while　　　　　B. except　　　　　C. do　　　　　D. pass

15. 关于 eval()函数,以下说法错误的是(　　)。

　　A. 该函数的作用是将输入的字符串转化为 Python 语句,并执行该语句

　　B. 如果用户希望输入一个数字,并进行计算,可以采用 eval(input(提示符))的方法

　　C. 该函数参数的数据都是字符型,但输出结果不一定是字符型数据

　　D. eval('fghj')和 eval("'fghj'")得到的输出结果一样

16. 下列语句执行后的结果是(　　)。

```
>>> x = 13.25
>>> eval('x + 10')
```

　　A. 13.25
　　B. 23.25
　　C. x+10
　　D. 系统提示错误信息

17. 关于 turtle 库,描述错误的选项是(　　)。

　　A. turtle 库是一个直观有趣的图形绘制函数库

　　B. turtle 图形绘制的概念诞生于 1969 年

　　C. turtle 坐标系的原点默认在屏幕左上角

　　D. turtle 绘图体系以水平右侧为绝对方位的 0°

18. 关于下面代码的执行结果,描述错误的选项是(　　)。

```
>>> turtle.setup(650,350,200,200)
```

　　A. 建立了一个长为 650 像素、高为 350 像素的窗体

　　B. 窗体中心在屏幕中的坐标值是(200,200)

　　C. 窗体顶部与屏幕顶部的距离是 200 像素

　　D. 窗体左侧与屏幕左侧的距离是 200 像素

19. turtle 绘图中角度坐标系的绝对 0°方向是(　　)。

　　A. 画布正右方
　　B. 画布正左方
　　C. 画布正上方
　　D. 画布正下方

20. 下面代码的执行结果是(　　)。

```
>>> turtle.circle( - 90,90)
```

　　A. 绘制一个半径为 90 像素的完整圆形

　　B. 绘制一个半径为 90 像素的弧形,圆心在小海龟当前行进的右侧

　　C. 绘制一个半径为 90 像素的弧形,圆心在小海龟当前行进的左侧

　　D. 绘制一个半径为 90 像素的弧形,圆心在画布正中

21. 关于 turtle 的画笔控制函数,描述错误的选项是(　　)。

　　A. turtle.penup()的别名有 turtle.pu()、turtle.up()

　　B. turtle.pendown()的作用是落下画笔,并移动画笔绘制一个点

　　C. turtle.pensize()可以用来设置画笔尺寸

　　D. turtle.colormode()的作用是设置画笔 RGB 的表示模式

22. 修改 turtle 画笔颜色的函数是(　　)。

　　A. pencolor()
　　B. seth()
　　C. pensize()
　　D. colormode()

23. 以下不能改变 turtle 画笔的运行方向的函数是( )。

    A. left()   B. seth()   C. right()   D. bk()

24. 以下能够使用 turtle 库绘制一个半圆形的选项是( )。

    A. turtle.fd(100)   B. turtle.circle(100,-180)

    C. turtle.circle(100,90)   D. turtle.circle(100)

25. Python 程序保存时后缀名是( )。

    A. cpp   B. C   C. java   D. py

【填空题】

1. 计算机的高级语言分为专用型和_____型语言。HTML 是_____语言，Python 语言是_____型语言。

2. Python 语言的运行方式有_____式和_____式两种。

3. 高级语言根据执行机制的不同分为_____语言和脚本语言。脚本语言采用_____方式执行程序。

4. Java 语言是静态语言，Python 语言是_____语言。

5. Python 语言内置集成开发工具是_____。

6. 在程序中用于标识变量名、函数名、数组名、文件名等的符号称为_____。

7. Python 用户标识符可由字母、数字、下画线及汉字组成，第一个字符不允许是_____。

8. 在程序运行过程中，其值可以改变的量称为_____。

9. 执行下列语句后，变量 a、b 的值分别为_____。

```
>>> a = 15
>>> b = 25
>>> a = a + b
>>> b = a - b
>>> a = a - b
```

10. 在 Python 程序中，一次导入 turtle 库中所有对象的命令是_____。

11. 在 turtle 库中，设置画笔颜色为红色，命令为_____。

【判断题】

1. 与 Java 语言、C++语言相比较，Python 语言在处理各类程序问题方面更为优秀。

                                                      ( )

2. 针对高级语言的源程序进行翻译，无论采用解释方式还是编译方式都能生成可执行文件。   ( )

3. Python 语言允许人们在 IDLE 操作环境中运行代码，也可以将代码存储成以.py 为扩展名的文件形式执行。   ( )

4. Python 3.x 系列软件向下兼容 Python 2.x 系列软件。   ( )

5. HTML 又称超文本标记语言，用途非常广泛，因此被称作通用型语言。   ( )

6. 利用 Python 语言可以编写多种类型的程序，应用领域非常广泛，因此被称为通用型语言。   ( )

7. 如果人类全面进入人工智能时代，各种类型丰富、功能齐全的计算机将替代人类全

部工作。 （ ）

8. C 语言和 Python 语言都是静态语言。 （ ）

9. Python 语言只能在它自带的 IDLE 集成环境中运行。 （ ）

10. Java 语言和 JavaScript 语言都是脚本语言。 （ ）

11. Pythonic 是一个术语,指编写代码的风格像 Python 语言一样优美简洁。 （ ）

12. 命令和文件两种运行方式、运行结果都一样,两者没有区别。 （ ）

13. 在 IDLE 操作环境中,字符的颜色可能会不同。 （ ）

14. C 语言和 Python 语言均采用编译方式执行程序。 （ ）

15. PHP 语言采用解释方式执行程序。 （ ）

16. 执行赋值语句 a＝b 后,变量 b 的值移动到变量 a 中。 （ ）

17. 赋值语句不但可以改变变量的值,也可以改变变量的类型。 （ ）

18. turtle.circle(radius)中,radius 为正数时,在画笔的上方绘制圆形。 （ ）

19. 用 turtle.goto(x,y) 移动画笔前,先要用 turtle.penup()提起画笔,否则有画痕。

（ ）

20. turtle.pendown() 是画笔默认状态。 （ ）

21. turtle.setup()可以设置画布的大小与位置,不能设置画布的背景颜色。 （ ）

22. 利用 turtle.color(pencolor,fillcolor)设置画笔边框颜色后,原 pencolor()设置将被新设置取代。 （ ）

【简答题】

1. 执行 var.1＝95 后,命令行提示"SyntaxError:invalid syntax",为什么?

2. 在 Python 语言中,变量的值与类型为什么都可以变化?

3. 利用 input()函数从键盘输入的数据,怎样处理才能参加数值运算?

4. 利用 print()函数完成屏幕输出,怎样才能做到输出后不换行,下面的 print()函数将在右侧继续输出?

5. 用 turtle.goto(x,y)移动画笔重新定位,为了不留下画痕,应该怎样做?

第2章 基本数据类型、运算符和表达式

计算机可以处理多种形式的数据,例如数字、文本等。不同形式的数据在计算机中的存储格式不同,计算机的处理方式也有所不同。数据类型决定了数据在计算机中的存储方式。

本章介绍 Python 语言中的基本数据类型,以及相关的运算符、常用函数和表达式,列表、元组、字典、集合等组合数据类型将在第 4 章和第 5 章中加以介绍。

2.1 基本数据类型

Python 的基本数据类型包括数值类型、字符串类型和布尔类型 3 种。

2.1.1 数值类型

Python 语言提供了整数类型、浮点数类型、复数类型 3 种数值类型数据。

1. 整数类型

整数类型对应着数学中的整数,例如,100、0、−256 等。在 Python 中,整数没有大小限制,可以是任意大小,这一点与其他高级语言有所不同。Python 默认采用十进制整数,但也可以使用二进制、八进制和十六进制整数,这时需要在数字之前添加"引导符号"表示数字的进制。各种进制整数的表示形式如表 2-1 所示。

表 2-1　各种进制整数的表示形式

进　　制	引导符号	说　　　　明
十进制	无	例如,100、−45、0
二进制	0b 或 0B	用 0 和 1 作为基本数字,例如,0B1010、0b111
八进制	0o 或 0O	用 0~7 作为 8 个基本数字,例如,0O15、0o123
十六进制	0x 或 0X	用 0~9 和 a~f(或 A~F)作为 16 个基本数字,例如,0XFFFF、0x1a2

2. 浮点数类型

在 Python 中,浮点数类型只能用十进制描述,用来表示带有小数的数值。通常,浮点数可以使用小数的写法,例如,3.14、5.0、−1234.5 等。如果要表示的浮点数特别大或特别小,用普通小数表示不方便,也可以使用科学记数法的表示形式,这时需要使用字母 E 或 e 表示 10 的幂,例如,1.2345e9、2.5E−10、1E2 分别表示 1.2345×10^9、2.5×10^{-10}、1×10^2。使用时要注意,字母 E(或 e)之前的数字不能省略,字母 E 之后的指数为整数。例如,1E2 不可以写成 E2。

3. 复数类型

复数类型对应数学中的复数,由实部和虚部两个部分组成。复数采用 a＋bj 的形式表

示,其中a和b都是浮点数类型,分别代表实部和虚部,j代表虚数单位。例如,3.4+5.1j、2-1j等。特别要注意的是,b为1时1不能省略,即2-1j不能写为2-j。

2.1.2 字符串类型

字符串类型用于表示文本信息。严格来说,字符串类型属于组合数据类型,因此,关于字符串的详细使用方法,将在第4章介绍。这里,我们只是简单介绍字符串类型数据的表示方式,方便读者在学习中使用。

在Python语言中,字符串中的文本要用界限符"单引号"或"双引号"括起来,例如,"Python语言"、'您好'等。使用时要注意以下几点。

- 单引号和双引号不能混用,字符串由哪种符号开始就要由哪种符号结束。例如:"计算机'就是一个错误的字符串。特别要注意,这里的"单引号"或"双引号"不能为中文标点符号,一定要用英文半角的形式。
- 一般界限符本身不能在字符串中出现(转义字符除外)。例如,要描述文本He's a good boy,不能写成'He's a good boy',正确的形式应为"He's a good boy"。
- 单引号和双引号只适用于单行文本的字符串,若要表示多行文本,需要使用"三引号"作为界限符,可以是一对三单引号,也可以是一对三双引号。
- 字符串类型数据是有长度的,其长度由字符串中包含的字符个数决定。Python中字符采用Unicode编码,每个中英文字符和符号长度都是1。因此,字符串"Python语言"的长度为8。特别要注意,字符串""与字符串" "不同,前者为空字符串,长度为0;后者为包含一个空格的字符串,长度为1。

2.1.3 布尔类型

布尔类型数据只有True和False两个值。在Python中,当把布尔类型数据转换为数值类型数据时,False转换为0,True转换为1;当其他类型数据转换为布尔类型时,值为零的数字、空字符串、空值(None)等被看作是False,其他值均被看作是True。

2.2 运 算 符

Python语言支持多种类型的运算符:数值(算术)运算符、关系(比较)运算符、逻辑运算符、成员运算符、位运算符、身份运算符等,如表2-2所示。

表2-2 Python运算符

运 算 符	功 能 说 明
+	算术加法,列表、元组、字符串合并与连接,正号
-	算术减法,集合差集,负号
*	算术乘法,序列重复
/	除法
//	整除
%	取余,字符串格式化
**	乘方

运 算 符	功 能 说 明
<、<=、>、>=、==、!=	(值)大小比较,集合的包含关系比较
or	逻辑或
and	逻辑与
not	逻辑非
in	成员测试
is	身份运算符,对象同一性测试,即测试是否为同一个对象或内存地址是否相同
|、^、&、<<、>>、~	位或、位异或、位与、左移位、右移位、位求反
&、|、^	集合交集、并集、对称差集
@	矩阵相乘运算符

2.2.1 数值运算符

Python 提供了 9 种基本的数值运算符,也称算术运算符,如表 2-3 所示。

表 2-3　Python 数值运算符

运 算 符	描 述
x+y	加法,x 与 y 之和
x−y	减法,x 与 y 之差
x * y	乘法,x 与 y 之积
x/y	除法,x 与 y 之商
x//y	整除(地板除),x 与 y 之整数商,即不大于 x 与 y 之商的最大整数
x%y	取余,x 与 y 之商的余数,也称为模运算
−x	负号,x 的负值,即 x * (−1)
+x	正号,x 本身
x ** y	乘方,x 的 y 次幂,即 x^y

　　/、//和%运算符都是做除法运算,其中"/"运算符做一般意义上的除法,其运算结果是一个浮点数,即使被除数和除数都是整型,也返回一个浮点数。如果只想得到整数的结果,丢弃小数部分,可以使用运算符"//"。"//"运算符做除法运算后返回商的整数部分。"%"运算符做除法运算后返回余数。

　　取模运算 a % b 的两个操作数 a 和 b 可以是整数,也可以是浮点数;可以是正数,零(b 不能为 0),也可以是负数。统一的数学定义如下:对于两个数 a 和 b(b 不为 0),a%b=a−n * b,其中,n 为 a//b 的值。

　　正确使用取模运算符%能够解决很多实际问题,例如判断奇偶数、判断一个数是否能被另一个数整除、判断周期性规律(闰年、星期几)等。

　　【例 2-1】 求以下表达式的值。

```
>>> 3 / 5
0.6
>>> 100/3
33.333333333333336
```

浮点数运算结果最长可输出 17 个数字，其中只有前 15 位是精确的，后面的数是计算机根据二进制计算结果确定的，存在误差。使用浮点数无法进行极高精度的数学运算。

```
>>> 3 // 5
0
>>> 3.0 / 5
0.6
>>> 3.0 // 5
0.0
>>> 13 // 10
1
>>> -13 // 10
-2
```

我们通常的计算中，采用的是向零取整的方法，因此会有 $-13//10=-1$ 的结果。Python 3 整除采取的是向负无穷方向取最接近精确值的整数，所以结果为 $-13//10=-2$。如果希望在 Python 3 中对负数采用向零取整的方法计算，可做如下处理：$int(-13 / 10)=-1$。

```
>>> 6 % 2
0
>>> 6.0 % 2
0.0
>>> 100 % 3
1
>>> -7 % 3
2
```

注意此处与传统的取余运算的区别。按照定义 $a\%b=a-n*b$，$-7\%3=-7-(-7//3)*3=-7-(-3*3)=2$。

```
>>> 2 ** 8
256
```

【例 2-2】 求以下表达式的值。

```
>>> -6 + 5 ** 4 / 5 % 4
-5.0
```

数值运算结果的数据类型可能会改变，类型的改变与运算符有关，有如下基本规则：

（1）整数和浮点数混合运算，输出结果是浮点数；

（2）整数之间运算，产生结果的类型与操作符相关，/ 运算的结果是浮点数；

（3）整数或浮点数与复数运算，输出结果是复数。

2.2.2 字符串运算符

针对字符串，Python 语言提供了几个基本运算符：＋（字符串连接运算）、＊（序列复制运算）、in（成员运算），如表 2-4 所示。

表 2-4　Python 字符串运算符

运　算　符	描　　述
x+y	连接两个字符串 x 与 y
x * n 或 n * x	复制 n 次字符串 x
x in s	如果 x 是 s 的子串,返回 True,否则返回 False

【例 2-3】　求以下表达式的值。

```
>>> name = "Python语言" + "程序设计"
>>> name
'Python语言程序设计'
>>>"生日快乐!" * 3
'生日快乐!生日快乐!生日快乐!'
>>>"语言" in name
True
>>>'Y' in name
False
```

2.2.3　关系运算符

关系运算符又称为比较运算符。在解决问题时常常需要比较两个对象的大小,Python语言中的关系运算符如表 2-5 所示。

表 2-5　Python 关系运算符

运　算　符	描　　述	实　　例
==	等于	5==4 返回 False
!=	不等于	5!=4 返回 True
>	大于	4>5 返回 False
<	小于	4<5 返回 True
≥	大于等于	9≥10 返回 False
≤	小于等于	9≤10 返回 True

关系运算符的运算顺序从左至右,结果是布尔类型值 True 或 False,可以对数值进行比较,也可以对字符串进行比较。

字符串的比较规则是:从第一个字符开始比较,谁的 ASCII 码值大,谁就大。如果前面相同,则比较后一位,直到比较出大小;如果都相同,则两个字符串相等。

【例 2-4】　求以下表达式的值。

```
>>>"acc"<"b"
True
>>>"sunck" == "sunck"
True
>>>"acc"<"bcc"
True
>>>"zaa">"azz"
True
```

特别地,Python 语言中可以用"3<x<9"表示数学中的连续不等式,与数学中的不等式

基本数据类型、运算符和表达式

使用习惯保持一致。

【例 2-5】 求以下表达式的值。

```
>>> 1 < 2 < 3
True
>>> 1 < 2 > 3
False
>>> 1 < 3 > 2
True
```

2.2.4 逻辑运算符

Python 语言支持逻辑（布尔）运算符，如表 2-6 所示。

表 2-6　Python 逻辑运算符

运　算　符	描　　述	实　　例
and	与	True and False 结果是 False
or	或	True or False 结果是 True
not	非	Not True 结果是 False

逻辑运算的结果和关系运算的结果一样，都是布尔型值 True 或 False。逻辑运算符的优先级顺序是 not＞and＞or。逻辑运算经常和关系运算混合使用。

【例 2-6】 写出下列条件。

（1）判断 ch 是否为小写字母。

（2）判断 ch 既不是字母也不是数字字符。

条件 1：ch＞='a'　and　ch＜='z'

条件 2：not((ch＞='A' and ch＜='Z') or (ch＞='a' and ch＜='z') or (ch＞='0' and ch＜='9'))

【例 2-7】 求以下表达式的值。

```
>>> print(True == 1)
True
>>> print(True == 2)
False
>>> print(False == 0)
True
>>> print(False == 2)
False
```

在 Python 中，True 等于 1，False 等于 0。

提示：逻辑运算有一个称之为短路逻辑的特性，逻辑运算符的第二个操作数有时会被"短路"。例如"x and y"，当 x 为 False 时，不管 y 为何值，结果为 False。"x or y"，当 x 为 True 时，不管 y 为何值，结果为 True。这种短路逻辑的特性也称为惰性求值，即只计算必须计算的表达式。

【例 2-8】 求以下表达式的值。

```
>>> 3 > 5 and a > 3              #注意,此时并没有定义变量 a
False
>>> 3 > 5 or a > 3              #3 > 5 的值为 False,所以需要计算后面的表达式
NameError: name 'a' is not defined
>>> 3 < 5 or a > 3              #3 < 5 的值为 True,不需要计算后面的表达式
True
```

2.2.5 成员运算符

除了以上的一些运算符之外,Python 还支持成员运算符 in ,即测试一个对象是否为另一个对象的元素。可进行序列(字符串、列表、元组)、字典或集合的成员测试,如表 2-7 所示。

表 2-7 Python 成员运算符

运算符	描　　述	实　　例
in	如果在指定的对象中找到该成员,返回 True,否则返回 False	3 in [1,2,3],结果为 True 'c' in {'a','b','c','d','e','f','g'},结果为 True
not in	如果在指定的对象中没有找到该成员,返回 True,否则返回 False	5 not in [1,2,3],结果为 True

【例 2-9】 求以下表达式的值。

```
>>> 'peach' not in ['apple', 'banana', 'pear']
True
>>> '苏轼' in ('李白', '杜甫', '白居易')
False
```

2.2.6 位运算符

Python 位运算符只能用于整数,其内部执行过程为:首先将整数转换为二进制数,然后右对齐,必要的时候左侧补 0,按位进行运算,最后再把计算结果转换为十进制数字返回,如表 2-8 所示。

表 2-8 Python 位运算符

运算符	描　　述	实　　例
&	按位与(and)运算符:参与运算的两个值,如果两个相应位都为 1,则该位的结果为 1,否则为 0	3 & 7,结果为 3 00000011 与 00000111 按位与,结果是 00000011
|	按位或(or)运算符:只要对应的两个二进制位有一个为 1,结果位就为 1	3 | 8,结果为 11 00000011 与 00001000 按位或,结果是 00001011
^	按位异或(xor)运算符:当两个对应的二进制位相异时,结果为 1	3 ^ 5,结果为 6 00000011 与 00000101 按位异或,结果是 00000110
~	按位取反(not)运算符:对数据的每个二进制位取反,即把 1 变为 0,把 0 变为 1。~x 类似于 -x-1	~1,结果为 -2 00000001 按位取反,结果是 11111110

续表

运算符	描　述	实　例
<<	<< n,左移动运算符：运算数的各二进制位全部左移 n 位,高位丢弃,低位补 0。相当于乘以 2 的 n 次方	16 << 2,结果为 64 00010000 左移 2 位得 01000000
>>	>> n,右移动运算符：运算数的各二进制位全部右移 n 位,低位丢弃,高位补 0。相当于除以 2 的 n 次方	16 >> 2,结果为 4 00010000 右移 2 位得 00000100

【例 2-10】 求以下表达式的值。

```
>>> 64&15
0
>>> 64|15
79
>>> 64^14
78
```

2.3　常用内置函数

内置函数是指不需要导入任何库,安装 Python 后就可以直接使用的函数。Python 提供了丰富的内置函数,每个函数完成不同的功能,通过函数名和参数列表进行调用。本节介绍几个常用的数值运算函数和类型转换函数,后续章节还会介绍其他内置函数。

2.3.1　常用数值运算函数

Python 常用数值运算函数如表 2-9 所示。其中,部分函数的参数用方括号[ ]括起来,表示该部分可以省略,后同。

表 2-9　常用数值运算函数

函　数	说　明
abs(x)	返回 x 的绝对值,x 可以为整数、浮点数或复数,x 为复数时,返回它的模
divmod(x,y)	返回 x//y 和 x%y 的结果
pow(x,y [,z])	幂函数,返回 x ** y 或(x ** y)%z 的值
round(x [,n])	对 x 进行四舍五入,保留 n 位小数;若省略 n,则返回整数;若 n 为负数,则对小数点前 n 位进行四舍五入
max(x_1,x_2,…,x_n)	返回多个参数中的最大值,参数可以为序列
min(x_1,x_2,…,x_n)	返回多个参数中的最小值,参数可以为序列
sum((x_1,x_2,…,x_n))	返回数值型序列中所有元素的和

【例 2-11】 常用数值运算函数应用举例。

```
>>> abs( - 10)          #求 - 10 的绝对值
10
>>> abs(3 + 4j)         #求复数 3 + 4j 的绝对值
5.0
>>> divmod(10,3)        #返回 10 除以 3 的商和余数
```

```
(3,1)
>>> pow(2, 3)                    #等价于 2 ** 3
8
>>> pow(2, 3, 5)                 #等价于 (2 ** 3) % 5
3
>>> round(3.1415926)             #默认保留 0 位小数
3
>>> round(3.14159,2)             #保留 2 位小数
3.14
>>> round(1689, -2)              # -2 表示对小数点左边第 2 位四舍五入
1700
>>> max(1,2,3)                   #取 3 个参数中的最大者
3
>>> max('1234')                  #取字符串中的最大元素值
'4'
>>> min(1,2,3)                   #取 3 个参数中的最小值
1
>>> min('1234')                  #取字符串中的最小元素值
'1'
>>> sum((1,2,3,4))               #序列所有元素求和
10
```

2.3.2 常用类型转换函数

Python 常用类型转换函数如表 2-10 所示。

表 2-10 常用类型转换函数

函　　数	说　　明
int(x[,base])	将 x 表示的浮点数或字符串转换为一个整数,base 代表整数的基数,若省略,默认为十进制整数
float(x)	将 x 表示的整数或字符串(必须是数字串)转换为一个浮点数
bin(x)	将 x 表示的整数转换为二进制字符串
oct(x)	将 x 表示的整数转换为八进制字符串
hex(x)	将 x 表示的整数转换为十六进制小写字母字符串
complex([real][,imag])	将数字或字符串转换为复数
bool([x])	将 x 表示的整数或字符串转换为布尔值,当 x 为 0、空字符串、空值(None)时返回 False,否则返回 True
type(x)	返回 x 的数据类型

【例 2-12】 整型、浮点型转换函数应用举例。

```
>>> int(5.9)                     #将浮点数 5.9 转换为整数(截断取整)
5
>>> int('123')                   #将字符串(必须是数字串)转换为整数
123
>>> int('123',16)                #将字符串转换为十六进制整数
291
>>> int('1.23')                  #转换的数字串中不可以包含小数点
Traceback (most recent call last):
  File "<stdin>", line 1, in <module>
```

基本数据类型、运算符和表达式

```
ValueError: invalid literal for int() with base 10: '1.23'
>>> float(1)                        #将整数 1 转换为浮点数
1.0
>>> float('123')                    #将字符串'123'转换为浮点数
123.0
>>> float('a')                      #转换的字符串必须是数字串
Traceback (most recent call last):
  File "< stdin >", line 1, in < module >
ValueError: could not convert string to float: 'a'
```

【例 2-13】 进制转换及复数函数应用举例。

```
>>> bin(10)                         #将十进制整数转换为对应的二进制字符串
'0b1010'
>>> oct(15)                         #将十进制整数转换为对应的八进制字符串
'0o17'
>>> hex(32)                         #将十进制整数转换为对应的十六进制字符串
'0x20'
>>> complex(1, 2)                   #创建复数
(1 + 2j)
>>> complex(1)                      #第一个参数为数值时,第二个参数可以省略
(1 + 0j)
>>> complex("1")                    #第一个参数为字符串时,第二个参数必须省略
(1 + 0j)
>>> complex("1",2)
Traceback (most recent call last):
  File "< stdin >", line 1, in < module >
TypeError: complex() can't take second arg if first is a string
>>> complex("1 + 2j")               #" + "号两边不能有空格,否则会出错
(1 + 2j)
```

【例 2-14】 布尔型转换及类型测试函数应用举例。

```
>>> bool(0)                         #将 0 转换为布尔型
False
>>> bool(1)                         #将 1 转换为布尔型
True
>>> bool(2)                         #将 2 转换为布尔型
True
>>> bool()                          #没有参数,返回 False
False
>>> type(1)                         #返回参数的类型(整型)
< class 'int'>
```

【例 2-15】 函数应用实例。编程将任意一个以秒表示的时间转换为小时、分钟、秒的形式。例如,输入 10000 秒,转换为:2 小时 46 分 40 秒。

参考代码如下:

```
1  # E2 - 15.py
2  #设输入的秒数为 t,小时、分钟、秒分别为 h,m,s
3  t = int(input("请输入秒数: "))
4  m,s = divmod(t,60)               #计算秒数及包含小时在内的分钟数
5  h,m = divmod(m,60)               #计算小时和分钟数
6  print(t,"秒 = ",h,"小时",m,"分",s,"秒")
```

执行程序输入一个秒数,例如 10000,结果如下。

```
请输入秒数:10000
10000 秒 = 2 小时 46 分 40 秒
```

2.4 表达式、赋值语句与运算符的优先级

用运算符连接各种类型数据的式子就是表达式,是构成 Python 语句的重要部分,如赋值语句、if 语句、while 语句、for 语句等。

在 Python 中,单个任何类型的对象或常数属于合法表达式,使用运算符连接的变量和常量以及函数调用的任意组合也属于合法的表达式。

Python 语言中,= 表示"赋值",即将等号右侧表达式的计算结果赋给左侧变量,包含等号(=)的语句称为"赋值语句":

<变量> = <表达式>

若采用<变量 1>=<变量 2>=<变量 3>=…=<变量 n>=<表达式>的赋值形式,则可以给多个变量赋相同值。

此外,还有一种同步赋值语句,可以同时给多个变量赋不同值:

<变量 1>, …, <变量 N> = <表达式 1>, …, <表达式 N>

也可以写成:<变量 1>=<表达式 1>;<变量 2>=<表达式 2>;…;<变量 N> =<表达式 N>。

【例 2-16】 求以下表达式的值。

```
>>> S1 = S2 = S3 = '计算机'
>>> W1,W2,W3 = '应用','基础','编程'
>>> print(S1 + W1,S2 + W2,S3 + W3)
'计算机应用'   '计算机基础'   '计算机编程'
```

【例 2-17】 将变量 x 和 y 交换。

采用单个赋值,需要 3 行语句,即通过一个临时变量 t 缓存 x 的原始值,然后将 y 值赋给 x,再将 x 的原始值通过 t 赋值给 y。

```
>>> t = x
>>> x = y
>>> y = t
```

采用同步赋值语句,仅需要一行代码:

```
>>> x,y = y,x
```

Python 还提供了 12 种复合赋值运算符: += 、-= 、*= 、/= 、//= 、%= 、**= 、<<= 、>>= 、&= 、|= 、^= 。

其中,前 7 种是常用的数值(算术)运算,如表 2-11 所示。后 5 种是关于位运算的复合赋值语句。

基本数据类型、运算符和表达式

表 2-11　Python 数值复合赋值运算符

运　算　符	描　述	实　例
＋＝	加法赋值运算符	c＋＝a 等效于 c＝c＋a
－＝	减法赋值运算符	c－＝a 等效于 c＝c－a
＊＝	乘法赋值运算符	c＊＝a 等效于 c＝c＊a
/＝	除法赋值运算符	c/＝a 等效于 c＝c/a
//＝	取整除赋值运算符	c//＝a 等效于 c＝c//a
％＝	取余赋值运算符	c％＝a 等效于 c＝c％a
＊＊＝	乘方赋值运算符	c＊＊＝a 等效于 c＝c＊＊a

【例 2-18】　求以下表达式的值。

```
>>> S = 18
>>> S/ = 5
>>> S
3.6
>>> a = 3
>>> c = 10
>>> c % = a
>>> c
```

在实际编程中，多种运算符经常混合使用，表达式也由多种运算混合而成，每种运算符之间有优先级顺序，而不同类运算符之间也存在优先级顺序，总体上的优先级顺序是：数值运算符＞位运算符＞关系运算符＞逻辑运算符，但按位取反运算符"～"位于乘方"＊＊"和正负号"＋、－"之间。表 2-12 所示列出了从高到低优先级的运算符。

表 2-12　Python 运算符的优先级

运　算　符	描　述
＊＊	乘方（最高优先级）
～	按位取反
＋、－	加号和减号
＊、/、//、％	乘、除、整除和取模
＋、－	加法、减法
＞＞、＜＜	右移、左移
＆	按位与
^、|	按位异或、按位或
＜、＜＝、＞、＞＝、＝＝、!＝	比较
is、is not	身份运算符
in、not in	成员运算符
not、and、or	逻辑运算符

【例 2-19】　求以下表达式的值。

```
>>> a = 3
>>> b = 5
>>> c = a ** 3 * b > 50 and not 1 or 0 and 1
>>> c
0
```

虽然 Python 运算符存在优先级的关系,但并不推荐过度依赖运算符的优先级,因为这会导致程序的可读性降低。因此,在这里要提醒大家:不要把一个表达式写得过于复杂,如果一个表达式过于复杂,则把它分成几步来完成。

不要过多地依赖运算符的优先级来控制表达式的执行顺序,这样可读性太差,应尽量使用圆括号来控制表达式的执行顺序。

2.5　math 库

2.5.1　math 库简介

math 库是 Python 的标准库,提供了诸多的数学函数,可以实现整数和浮点数的数学运算。若要处理复数,可以使用 Python 提供的专门用于复数处理的模块 cmath。

要使用 math 库中的函数,首先要使用 import 语句导入该库。下面参照 1.6 节中介绍的导入库的方式导入 math 库。

方式 1:

import math [as 别名]

用该方式导入 math 库之后,库中全部内容在程序中均可使用。使用时需要在函数名之前添加库名 math 或者别名,采用"math.<函数名>"或者"别名.<函数名>"的形式。例如:

```
>>> import math
>>> math.sqrt(9)
3.0
```

方式 2:

from math import * │ <函数名 1>[,<函数名 2>[,…]]

"＊"代表导入 math 库中全部内容。若 import 后接函数名,则用该方式只能导入 math 库中指定的内容,其他未导入的内容将不可使用。使用该方式导入函数时可以直接采用 <函数名> 的形式,无须在函数名之前添加库名 math。例如:

```
>>> from math import fabs,pi
>>> fabs( - 12.39)
12.39
>>> pi
>>> 3.141592653589793
```

2.5.2　math 库常用函数及常数

math 库中包含有 4 个数学常数和 44 个函数。44 个函数又可以按功能分为数值处理函数、幂对数函数、三角函数和高等特殊函数 4 种。本小节仅介绍部分常用数学函数及常数的使用。

math 库常用数学函数和常数如表 2-13 所示。

表 2-13　**math 库常用数学函数和常数**

函数/常数	说　　明
math. e	自然常数 e
math. pi	圆周率 pi
math. fabs(x)	返回 x 的绝对值
math. ceil(x)	返回不小于 x 的最小整数(向上取整)
math. floor(x)	返回不大于 x 的最大整数(向下取整)
math. trunc(x)	返回 x 的整数部分
math. modf(x)	返回 x 的小数和整数
math. fmod(x,y)	返回 x%y(取余)
math. sqrt(x)	返回 x 的平方根
math. pow(x,y)	返回 x 的 y 次方
math. fsum([x,y,...])	返回序列中各元素之和
math. factorial(x)	返回 x 的阶乘
math. gcd(x,y)	返回整数 x 和 y 的最大公约数
math. isnan(x)	若 x 是 nan 常数,返回 True;否则返回 False
math. exp(x)	返回 e 的 x 次方
math. log(x[,base])	返回 x 以 base 为底的对数,base 默认为 e
math. log10(x)	返回 x 以 10 为底的对数
math. log2(x)	返回 x 以 2 为底的对数
math. hypot(x,y)	返回以 x 和 y 为直角边的斜边长,即 $\sqrt{x^2+y^2}$
math. degrees(x)	将弧度转换为度
math. radians(x)	将度转换为弧度
math. sin(x)	返回 x(弧度)的三角正弦值
math. asin(x)	返回 x 的反三角正弦值
math. cos(x)	返回 x(弧度)的三角余弦值
math. acos(x)	返回 x 的反三角余弦值
math. tan(x)	返回 x(弧度)的三角正切值
math. atan(x)	返回 x 的反三角正切值
math. atan2(x,y)	返回 x/y 的反三角正切值

【例 2-20】　math 库常用数值处理函数举例。

```
>>> import math
>>> math. e                         # 返回常数 e 的值
2.718281828459045
>>> math. pi                        # 返回常数 pi 的值
3.141592653589793
>>> math. fabs( - 5)                # 返回 - 5 绝对值,结果为浮点数
5.0
>>> math. fabs(3 + 4j)             # 系统报错,不能处理复数
Traceback (most recent call last):
  File "< stdin >", line 1, in < module >
TypeError: can't convert complex to float
>>> math. ceil(5.2)                # 返回不小于 5.2 的最小整数
6.0
>>> math. ceil( - 5.2)             # 返回不小于 - 5.2 的最小整数
 - 5.0
```

```
>>> math.floor(5.2)                    #返回不大于 5.2 的最大整数
5.0
>>> math.floor(-5.2)                   #返回不大于-5.2 的最大整数
-6.0
>>> math.trunc(5.2)                    #返回 5.2 的整数部分
5
>>> math.modf(5.2)                     #返回 5.2 的小数和整数
(0.20000000000000018, 5.0)
>>> math.fmod(5,2)                     #返回 5 除以 2 的余数
1.0
>>> math.sqrt(3)                       #返回正数的平方根
1.7320508075688772
>>> math.sqrt(-3)                      #负数出错
Traceback (most recent call last):
  File "<stdin>", line 1, in <module>
ValueError: math domain error
```

【例 2-21】 math 库常用幂、对数等函数举例。

```
>>> import math
>>> math.pow(5,3)                      #返回 5 的 3 次方
125.0
>>> 0.1 + 0.2 + 0.3
0.6000000000000001
>>> sum([0.1, 0.2, 0.3])
0.6000000000000001
>>> math.fsum([0.1, 0.2, 0.3])         #精确求和
0.6
>>> math.factorial(5)                  #返回 5 的阶乘
120
>>> math.gcd(40,20)                    #返回 40 和 20 的最大公约数
20
>>> math.isnan(1.2e3)                  #判断是否是 nan 常数
False
>>> math.hypot(3,4)                    #返回直角三角形斜边的长
5.0
>>> math.exp(2)                        #返回 e 的平方
7.38905609893065
>>> math.log(2, 10)                    #返回以第二个参数为底的对数
0.30102999566398114
>>> math.log(math.e)                   #返回以 e 为底的对数
1.0
>>> math.log10(2)                      #返回以 10 为底的对数
0.30102999566398114
```

【例 2-22】 math 库常用三角函数举例。

```
>>> import math
>>> math.degrees(math.pi)              #将弧度转换为度
180.0
>>> math.radians(45)                   #将度转换为弧度
0.7853981633974483
>>> math.sin(math.radians(90))         #返回三角正弦值
1.0
>>> math.degrees( math.asin(1))        #返回反三角正弦值
```

第
2
章

```
90.0
>>> math.cos(math.radians(0))          # 返回三角余弦值
1.0
>>> math.acos(1)                       # 返回反三角余弦值
0.0
```

math 库中函数的功能非常全面,部分覆盖了内置函数。使用时应注意以下几点。

- fabs、pow、fsum 函数与内置函数 abs、pow、sum 功能相似,但有细微差别。前者返回值只能是浮点型,后者返回值的类型由函数的参数决定,可能是整型,也可能是浮点型。此外,math 库只能处理浮点数,内置函数无此限制。
- 由于浮点数是非精确运算(由例题中 0.1+0.2+0.3 得到结果 0.6000000000000001 可见),因此,在 Python 中,涉及浮点数运算及结果比较时,最好不要直接使用 Python 提供的运算符进行运算,采用 math 库中的函数实现会更加方便。

【例 2-23】 math 库函数应用实例。输入三角形的三条边长,求三角形的面积、周长、最长边长和最短边长。

参考代码如下:

```
1   # E2-23.py
2   import math
3   # 设三角形的三条边为 a、b、c,构成三角形的条件为:
4   # a>0 and b>0 and c>0 and a+b>c and b+c>a and a+c>b
5   a = float(input("边长 a = :"))
6   b = float(input("边长 b = :"))
7   c = float(input("边长 c = :"))
8   if a>0 and b>0 and c>0 and a+b>c and b+c>a and a+c>b:
9       p = (a+b+c)/2
10      area = math.sqrt(p*(p-a)*(p-b)*(p-c))              # 求面积
11      circumference = a+b+c                              # 求周长
12      max_side = max(a,b,c)                              # 求最长边
13      min_side = min(a,b,c)                              # 求最短边
14      print("三条边为:{0}、{1}和{2}".format(a,b,c))
15      print("面积为:{:.2f}".format(area))
16      print("周长为:{:.2f}".format(circumference))
17      print("长边为:{:.2f}".format(max_side))
18      print("短边为:{:.2f}".format(min_side))
19  else:
20      print("三条边{0}、{1}和{2}不能构成三角形".format(a,b,c))
```

执行程序输入三角形的三条边长 3,4,5,结果如下。

```
边长 a = :3
边长 b = :4
边长 c = :5
三条边为:3、4 和 5
面积为:6.00
周长为:12.00
长边为:5.00
短边为:3.00
```

再次输入三角形的三条边长 2,2,5,思考程序执行的结果。

上机练习 2

说明：在交互式环境下完成下列练习。

【题目1】 写出下列数值类函数的运算结果，并上机加以验证。

(1) abs(−123.4)

(2) abs(6+8j)

(3) divmod(25,3)

(4) pow(3,3)

(5) pow(3,3,4)

(6) round(12.71828,2)

(7) round(12.71828)

(8) round(12.71828,−1)

(9) max(−14,−2,10)

(10) max("54312")

(11) max("a12945g")

提示：每个字符的大小由字符的 ASCII 码决定。

(12) min(−14,−2,10)

(13) min("54312")

(14) min("a12945g")

(15) sum((10,2,−3,4))

【题目2】 写出下列转换类函数的运算结果，并上机加以验证。

(1) int(6.8)

(2) int('483')

(3) float(12)

(4) float('12')

(5) bin(20)

(6) oct(−42)

(7) hex(12)

(8) complex(2,5)

(9) complex(11)

(10) complex("12")

(11) complex("10+3j")

(12) bool(0)

(13) bool(10)

(14) type("a2")

【题目3】 写出下列 math 库中常用函数的运算结果，并上机加以验证。

(1) math. ceil(12.5)

(2) math. ceil(−12.5)

基本数据类型、运算符和表达式

(3) math. floor(12. 5)

(4) math. floor(−12. 5)

(5) math. trunc(12. 5)

(6) math. modf(12. 5)

(7) math. fmod(25,7)

(8) math. sqrt(25)

(9) math. pow(4,4)

(10) math. fsum([1,2,3,4,5])

(11) math. factorial(4)

(12) math. gcd(12,16)

(13) math. isnan(100)

(14) math. hypot(12,16)

(15) math. exp(1)

(16) math. log(2,2)

(17) math. log(math. e)

(18) math. log10(10)

(19) math. degrees(math. pi/2)

(20) math. radians(180)

(21) math. sin(math. radians(90))

(22) round(math. cos(math. radians(90)))

【题目 4】 某人的年龄为 32.7，因为还没有满 33 周岁，想将这个值向下取整为 32，请分别用两个 Python 函数实现。若要表示虚数 33，又该如何表示？请写出相应的函数表示形式，并上机验证。

【题目 5】 计算下列表达式。

(1) 5 * 4+5/4

(2) 15//4

(3) 2 ** 2 ** 3

(4) −50+3 ** 2−7//2 ** 2 * 10

(5) 5 * 6 ** 2/6%5

提示：注意数值运算符的优先级。

【题目 6】 请写出以下条件表达式。

(1) 如何判断 X 是偶数，Y 是奇数，Z 是 3 的整数倍？

(2) 如何判断 Z 年是闰年？（四年一闰，百年不闰，四百年再闰。即不能被 100 整除的年份，能被 4 整除的为闰年。能被 100 整除的年份，且能被 400 整除的是闰年。用数学方法就是：满足模 400 为 0，或者模 4 为 0 但模 100 不为 0）

【题目 7】 请写出以下语句的计算结果。

(1) 假设 Y＝2，Y * ＝5+3 ** 2 的运算结果是什么？

(2) x＝True，y＝False，z＝False

not x or y or not y and x 的运算结果是什么？

（3）x＝True，y＝False，z＝False

not x or not y and z 的运算结果是什么？

【题目8】 请输入你的身高（米）和体重（千克），计算 BMI 值，BMI＝体重/身高^2，并输出 BMI 值。（国内标准：BMI＜18.5 偏瘦，18.5≤BMI＜24 正常，24≤BMI＜28 偏胖，BMI≥28 肥胖）

```
>>> h,w = eval(input("请输入身高体重,用逗号隔开"))
>>> bmi = w/ h * * 2
>>> print("BMI 数值:{:.2f}".format(bmi))
```

习 题 2

【选择题】

1. 以下选项中值为 False 的是（　　）。

    A. 'abcd'＜'ad'   B. 'abc'＜'abcd'

    C. ''＜'a'   D. 'Hello'＞'hello'

2. 下面代码的输出结果是（　　）。

```
>>> print( 0.1 + 0.2 == 0.3)
```

    A. True   B. False   C. −1   D. 0

3. 下列哪个表达式在 Python 中是非法的？（　　）

    A. x＝y＝z＝1   B. x＝(y＝z＋1)

    C. x,y＝y,x   D. x＋＝y

4. 下列代码的输出结果是（　　）。

```
>>> a = 'a'
>>> print(a > 'b' or 'c')
```

    A. a   B. b   C. c   D. True

    E. False

5. a 与 b 定义如下，下列选项正确的是（　　）。

```
>>> a = '123'
>>> b = '123'
```

    A. a!＝b   B. a is b

    C. a＝＝123   D. a＋b＝246

6. 下列代码的输出结果是（　　）。

```
>>> True - False
```

    A. True   B. False

    C. 1   D. 系统出错

基本数据类型、运算符和表达式

7. print(20/8,20//8)的输出结果是(　　)。

　　A. 2　2.5　　　　　　B. 2.5　2　　　　　　C. 2　2　　　　　　D. 2.5　2.5

8. print(2 ** 3 ** 2)的值是(　　)。

　　A. 512　　　　　　　B. 12　　　　　　　C. 64　　　　　　　D. 256

9. 下列代码的执行结果是(　　)。

```
>>> w = '开心一刻'
>>> w * 3
```

　　A. '开心一刻'

　　B. '开心一刻开心一刻开心一刻'

　　C. 开心一刻

　　　　开心一刻

　　　　开心一刻'

　　D. 系统报错

10. 以下选项描述正确的是(　　)。

　　A. 条件 36≤44<77 是合法的,且输出为 False

　　B. 条件 26≤34<17 是合法的,且输出为 False

　　C. 条件 26≤34<17 是不合法的

　　D. 条件 26≤34<17 是合法的,且输出为 True

11. 以下选项中,输出结果是 False 的是(　　)。

　　A. >>> 3 is 3　　　　　　　　　　B. >>> 3 is not 8

　　C. >>> 3 != 5　　　　　　　　　　D. >>> False != 0

12. 下列代码的输出结果是(　　)。

```
>>> a = 3
>>> b = 3
>>> c = 3.0
>>> print(a == b, a is b, a is c)
```

　　A. True　False　True　　　　　　　B. True　True　False

　　C. True　True　True　　　　　　　D. True　False　False

13. 以下选项中,输出结果是 False 的是(　　)。

　　A. >>>'我爱跑步 88'>'我爱跑步'　　　B. >>>'我爱跑步'<'我爱'

　　C. >>>'　'<'f'　　　　　　　　　　D. >>>'qwer'=='QWER'.lower()

14. 下列代码的输出结果是(　　)。

```
>>>'345'>= 345
```

　　A. True　　　　　　　B. False　　　　　　　C. None　　　　　　　D. 系统报错

15. 下列代码的输出结果是(　　)

```
>>> a = 3;b = 5;c = 6;d = True
>>> print(not d or a >= 0 and a + c > b + 3)
```

A. True   B. False   C. None   D. 系统报错

16. 下列代码的输出结果是(   )。

```
>>> x = 0 ; y = True;
>>> print(x > y and 'A'<'B')
```

A. True   B. False   C. None   D. 系统报错

17. 以下选项中,输出结果是 False 的是(   )。

A. >>>'5' in '345'   B. >>> 1<6<pow(9,0.5)

C. >>> 3<5>2   D. >>>'ty'>3

18. 下列代码的输出结果是(   )。

```
>>> a = 47
>>> b = True
>>> a + b > 3 * 12
```

A. True   B. False   C. −1   D. 0

19. 下列代码的输出结果是(   )。

```
>>>'4' + '6'
```

A. 46   B. 10   C. '46'   D. '4+6'

20. Python 语句 print(0xA+0xB)的输出结果是(   )。

A. 0xA+0xB   B. A+B

C. 0xA0xB   D. 21

21. 下面属于 math 库中的函数是(   )。

A. time()   B. round()   C. sqrt()   D. random()

22. 下列数据类型中,Python 不支持的是(   )。

A. char   B. int   C. float   D. complex

23. Python 语句 print(type(1/2))的输出结果是(   )。

A. < class 'int'>   B. < class 'number'>

C. < class 'float'>   D. < class 'str'>

24. Python 表达式 math. sqrt(4) * math. sqrt(9)的值是(   )。

A. 36.0   B. 1296.0   C. 13.0   D. 6.0

25. 关于 Python 的数据类型,以下描述错误的是(   )。

A. 2.0 是浮点数,不是整数

B. 浮点数也有十进制、二进制、八进制和十六进制表示方式

C. 复数类型虚部为 0 时,表示 0j

D. 整数类型数值一定不会出现小数点

【填空题】

1. Python 运算符中用来计算集合并集的是_____。

2. 表达式 3|5 的值为_____。

3. 表达式 3&6 的值为_____。

基本数据类型、运算符和表达式

4. 表达式 65>>1 的值为_____。

5. 判断值是否相等的运算符是_____,判断的结果是 True 或是 False。

6. Python 标准库 math 中用来计算平方根的函数是_____。

7. Python 中查看变量类型的内置函数是_____。

8. 以 3 为实部 4 为虚部,Python 复数的表达形式为_____。

9. 表达式 abs(-3) 的值为_____。

10. Python 内置函数_____用来返回序列中的最大元素。

11. Python 内置函数_____用来返回序列中的最小元素。

12. Python 内置函数_____用来返回数值型序列中所有元素之和。

13. 已知列表对象 x = ['11','2','3'],则表达式 max(x) 的值为_____。

14. 表达式 min(['11','2','3']) 的值为_____。

15. 表达式 abs(3+4j) 的值为_____。

16. 表达式 round(3.4) 的值为_____。

17. 表达式 round(3.7) 的值为_____。

18. 表达式 int(4 ** 0.5) 的值为_____。

19. 表达式 int('102',16) 的值为_____。

20. 表达式 int('102',8) 的值为_____。

21. 表达式 int('102') 的值为_____。

22. 表达式 int('101',2) 的值为_____。

23. 表达式 int(bin(54321),2)的值为_____。

24. 已知 x 为整型变量,那么表达式 int(hex(x),16) == x 的值为_____。

25. 使用 math 库中的函数时,必须使用_____关键字导入该库。

26. 计算 $2^{31}-1$ 的 Python 表达式为_____。

【判断题】

1. 条件 35≤45<75 是合法的,且输出为 False。 (   )

2. Python 可以不加声明就使用变量。 (   )

3. 3+4j 不是合法的 Python 表达式。 (   )

4. 运算符+不仅可以实现数值的相加、字符串连接,还可以实现列表、元组的合并和集合的并集运算。 (   )

5. 圆括号"()"的优先级别最高,在一个表达式中,圆括号可以嵌套使用。 (   )

6. 0o12f 是合法的八进制数字。 (   )

7. 在 Python 中 0xad 是合法的十六进制数字表示形式。 (   )

8. 9999 ** 9999 这样的命令在 Python 中无法运行。 (   )

9. 放在一对三引号之间的任何内容将被认为是注释。 (   )

10. 表达式 pow(3,2) == 3 ** 2 的值为 True。 (   )

11. 执行语句 from math import sin 之后,可以直接使用 sin() 函数,例如 sin(3)。

(   )

【简答题】

1. 简述=、is 和==的区别。

2. 简述短路逻辑特性的含义。

3. 下列语句的执行结果是 False,请分析其原因。

```
>>> from math import sqrt
>>> print(sqrt(3) * sqrt(3) == 3)
```

4. 分析下面的程序段能否正确执行,总结函数 fabs() 与 abs() 之间的差异。

```
1   import math
2   a = -10
3   b = -10.3232
4   c = 1 + 1.0j
5   print "a 的绝对值是:",abs(a))
6   print("b 的绝对值是:",abs(b))
7   print("b 的绝对值是:",math.fabs(b))
8   print("c 的绝对值是:",abs(c))
9   print("c 的绝对值是:",math.fabs(c))
```

5. 写出下列数学表达式的 Python 表示形式。

(1) $|x+y|+z^4$

(2) $\dfrac{-b+\sqrt{b^2-4ac}}{2a}$

(3) $\sin 30°+\dfrac{e^{10}+\ln 10}{\sqrt{x+y+1}}$

(4) $\dfrac{1}{\dfrac{1}{a_1}+\dfrac{1}{a_2}+\dfrac{1}{a_3}}$

6. 对任意一个三位数的正整数 x,分别取出其个位数、十位数和百位数,请写出对应的 Python 表达式。

第 3 章　程序控制结构

计算机程序是一组计算机能识别和执行的指令,是满足人们某种需求的信息化工具。Python 程序是用 Python 语言编写的一组相关命令的集合。程序以文件的形式存储在磁盘中,Python 程序文件的扩展名为".py"。

下面以 IDLE 为例,介绍程序文件的一些常用操作方法。

- 创建:在 IDLE 中,可以通过菜单命令 File→New File(快捷键 Ctrl＋N)创建程序文件。
- 保存:在程序文件窗口中,可以通过菜单命令 File→Save(快捷键 Ctrl＋S)或者 File→Save As…(快捷键 Ctrl＋Shift＋S)对程序文件进行保存。
- 运行:程序编写完成后,需要运行才能得到程序执行结果。可以在程序文件窗口通过菜单命令 Run→Run Module(快捷键 F5)运行程序。
- 中断:如果程序执行过程中需要中断程序的执行,可以在 IDLE 交互式窗口中选择菜单命令 Shell→Interrupt Execution(快捷键 Ctrl＋C)。

3.1　程 序 基 础

3.1.1　Python 程序的构成

Python 程序文件一般包括注释、模块导入、函数定义和程序主体等几个部分,如图 3-1 所示。

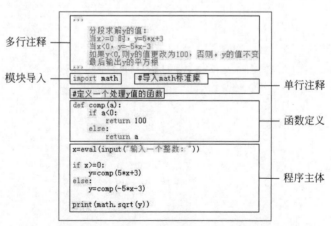

图 3-1　Python 程序文件的基本构成

（1）注释。注释是在代码中加入的一行或多行信息，用来对模块、函数、方法等进行说明，用以提升代码的可读性。注释是用于辅助程序阅读或编写的，编译器或解释器会略去注释部分的内容。Python 中的注释有单行注释和多行注释两种。Python 中的单行注释以 ♯ 作为开始标记，可以单独占一行，也可以写在程序代码行的后面，♯ 后的部分即为注释部分，一般用于对该行或该行中部分代码的解释。多行注释写在一对三个单引号('''）或者一对三个双引号("""）之间。

（2）模块导入。若程序中需要用到标准库或者第三方库，则需要先将库导入。具体方法参见第 1.6 节。

（3）函数定义。函数定义部分一般能够完成一个相对独立的子功能，由程序主体或其他函数调用执行。

（4）程序主体。程序主体是完成程序功能的主要部分，程序文件需要按照程序主体部分的语句来依次执行。

3.1.2 Python 中的缩进

Python 程序对大小写敏感，对缩进敏感。缩进指每一行代码开始前的空白区域，用来表示代码之间的包含和层次关系。Python 是通过缩进来识别代码块的，因此对缩进非常敏感，对代码格式要求也非常严格。Python 可以使用 Tab 键或 4 个空格缩进一级。

3.1.3 程序基本结构分类

程序在计算机上执行时，程序中的语句完成具体的操作并控制执行流程。程序中语句的执行顺序称为程序结构。

程序包含 3 种基本结构：顺序结构、分支结构和循环结构。顺序结构是指程序中的语句按照出现位置顺序执行；分支结构是指程序中的某些语句按照某个条件来决定执行与否；循环结构是指程序中的语句在某个条件下重复执行多次。

3.2 顺 序 结 构

顺序结构是比较简单的一种结构，也是非常常用的一种结构，其语句是按照位置顺序执行的。如图 3-2 所示，顺序结构中的语句块 1、语句块 2 按位置顺序依次执行。

【例 3-1】 编写程序，通过输入正方体的边长 a，求正方体的体积。

问题分析：程序的输入、处理和输出三部分分别可以表示如下。

输入：正方体的边长 a。

处理：正方体的体积 $v = a^3$。

输出：正方体的体积 v。

依据输入、输出和处理过程编写程序代码，参考代码如下：

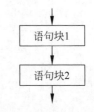

图 3-2 顺序结构流程图

```
1  ♯E3-1.py
2  ♯计算正方体的体积
3  a = eval(input("输入正方体的边长 a:"))
```

```
4    v = a ** 3
5    print("正方体的体积为:", round(v,2))
```

程序运行结果如下:

```
输入正方体的边长 a:3.5
正方体的体积: 42.88
```

【例 3-2】 用顺序结构编程求解一元二次方程 $y=3x^2+5x+7$,要求通过输入 x 的值求得 y 的值。

问题分析:该程序同样可以分为输入、处理和输出三部分表示。

输入:x 值。

处理:计算 $y=3x^2+5x+7$ 的值。

输出:y 值。

参考代码如下:

```
1    # E3 - 2.py
2    # 求解一元二次方程
3    x = eval(input("输入 x 的值:"))
4    y = 3 * x ** 2 + 5 * x + 7
5    print("y 的值是:",y)
```

程序运行结果如下:

```
输入 x 的值:3
y 的值是:49
```

【例 3-3】 编写程序,输入 4 个数,并求它们的平均值。

问题分析:该例题仍然采用输入、处理、输出三个步骤,同时可结合第 2 章对赋值符号的介绍,注意多个数据输入时的处理方法。

参考代码如下:

```
1    # E3 - 3.py
2    # 求平均值
3    x1,x2,x3,x4 = eval(input("输入 4 个数(逗号分隔):"))
4    avg = (x1 + x2 + x3 + x4)/4
5    print(avg)
```

程序运行结果如下:

```
输入 4 个数(逗号分隔):15,23,6,7
12.75
```

【例 3-4】 用 turtle 绘制图 3-3 所示的扇形,其中扇形的半径为 200,圆心角为 120°,填充颜色为红色。

问题分析:将画布原点作为扇形圆心,并以该圆心作为绘图的起始点,将默认方向作为绘图的起始方向。按照边、弧线、边的

图 3-3 用 turtle 绘制扇形

绘制顺序即可绘制图 3-3 所示的图形,绘制的同时要注意图形颜色的填充。

参考代码如下:

```
1   #E3-4.py
2   #用 turtle 绘制扇形
3   import turtle
4   turtle.hideturtle()
5   turtle.fillcolor("red")
6   turtle.begin_fill()
7   turtle.fd(200)
8   turtle.left(90)
9   turtle.circle(200,120)
10  turtle.left(90)
11  turtle.fd(200)
12  turtle.end_fill()
```

3.3 分支结构

分支结构也称为选择结构,该结构可以通过判断某些特定条件是否满足,来决定下一步的执行流程。分支结构是非常重要的一种结构。常见的分支结构有单路分支结构、双路分支结构和多路分支结构。

3.3.1 单路分支结构

单路分支结构是分支结构中最简单的一种形式,其语法格式如下所示。

if <条件表达式>:
  <语句块>

其中:

- 单路分支结构以关键字 if 开头,后接<条件表达式>。
- <条件表达式>可以是关系表达式、逻辑表达式、算术表达式等。
- 冒号":"表示一个语句块的开始,不能缺少。
- <语句块>可以是单个语句,也可以是多个语句。相对于"if"的位置,<语句块>应缩进 4 个字符。

功能:当<条件表达式>的值为 True 时,执行语句块;若为 False 则不做任何操作,其流程图如图 3-4 所示。

若<条件表达式>的计算结果不是布尔值时,认定数值 0、空字符串、空元组、空列表、空字典均为 False,其余为 True。该判断方法适用于后续所有分支结构和循环结构中对<条件表达式>的判断。

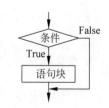

图 3-4　单路分支结构流程图

【例 3-5】 输入一个整数,如果是偶数则输出"这是个偶数",否则无输出。

问题分析:这是一个典型的单路分支的情况,只需考虑条件满足时所要执行的语句。

参考代码如下:

```
1   #E3-5.py
2   #单分支输出"这是个偶数"
3   s = eval(input("请输入一个整数:"))
4   if s % 2 == 0:
5       print("这是个偶数")
```

运行程序,输入一个偶数,程序运行结果如下:

```
请输入一个整数:6
这是个偶数
```

再次运行程序,输入一个奇数,程序运行结果如下:

```
请输入一个整数:3
```

【例 3-6】 输入腋下体温值 t(单位:℃),根据如下情况分别输出:

t<36.1	输出:您的体温偏低
36.1≤t≤37	输出:您的体温正常
t>37	输出:您的体温偏高

问题分析:题目列出了 3 个区间段的取值对应的不同输出,因此可以用三条单路分支语句分别与题目所述 3 种情况对应。

参考代码如下:

```
1   #E3-6.py
2   #体温判断
3   t = eval(input("请输入腋下体温值:"))
4   if t < 36.1:
5       print("您的体温偏低")
6   if 36.1 <= t <= 37:
7       print("您的体温正常")
8   if t > 37:
9       print("您的体温偏高")
```

运行程序,输入 35,程序运行结果如下:

```
请输入腋下体温值:35
您的体温偏低
```

运行程序,输入 36.7,程序运行结果如下:

```
请输入腋下体温值:36.7
您的体温正常
```

运行程序,输入 38.5,程序运行结果如下:

```
请输入腋下体温值:38.5
您的体温偏高
```

【例 3-7】 输入两个整数,并分别存放在 x、y 两个变量中,请将这两个数由小到大输出。

问题分析:假设输出的结果也保存在 x、y 这两个变量中,并且输出时满足 x≤y。为了达到这一目标,可以对输入的 x、y 值进行判断:如果 x＞y,则交换 x 和 y 中的值,否则不交换。最后输出 x、y。

参考代码如下:

```
1  #E3-7.py
2  #两个数排序
3  x,y = eval(input("请输入 x、y:"))
4  if x>y:
5      x,y = y,x
6  print(x,y)
```

运行程序,依次输入 5、3,程序运行结果如下:

```
请输入 x、y:5,3
3 5
```

【例 3-8】 输入三个整数,分别存放在 x、y 和 z 三个变量中,请将这三个数由小到大输出。

问题分析:与例 3-7 相似,假设输出的结果也保存在 x、y 和 z 这三个变量中,并且输出时 x≤y≤z。为了达到这一目标,可按如下步骤对输入的 x、y 和 z 进行比较和交换:如果 x＞y,则交换 x 和 y 中的值,否则不交换;如果 x＞z,则交换 x 和 z 中的值,否则不交换;如果 y＞z,则交换 y 和 z 中的值,否则不交换。最后输出 x、y、z。

参考代码如下:

```
1  #E3-8.py
2  #三个整数排序
3  x,y,z = eval(input("输入三个数(用逗号分隔):"))
4  if x>y:
5      x,y = y,x
6  if x>z:
7      x,z = z,x
8  if y>z:
9      y,z = z,y
10 print(x,y,z)
```

运行程序,依次输入 3、16、−5,程序运行结果如下:

```
输入三个数(用逗号分隔):3,16,-5
-5 3 16
```

思考:若第 6 行代码改为"if y＞z:",那么后续代码应如何编写?

3.3.2 双路分支结构

双路分支结构是程序中比较常用的一种形式,其语法格式如下所示。

```
if <条件表达式>:
    <语句块 1>
else:
    <语句块 2>
```

58

其中：

- 双路分支结构以关键字 if 开头，后接<条件表达式>。
- <条件表达式>可以是关系表达式、逻辑表达式、算术表达式等。
- 冒号"："表示一个语句块的开始，不能缺少。
- <语句块 1>、<语句块 2>可以是单个语句，也可以是多个语句。<语句块 1>、<语句块 2>相对于 if 和 else 的位置应缩进 4 个字符。

功能：当<条件表达式>的值为 True 时，执行 if 后的<语句块 1>，继而双路分支语句结束；若<条件表达式>的值为 False 则执行 else 后的<语句块 2>，双路分支语句结束，其流程图如图 3-5 所示。

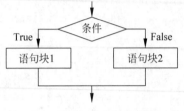

图 3-5　双路分支结构流程图

【例 3-9】　输入一个整数，如果是偶数则输出"这是个偶数"，否则输出"这是个奇数"。

问题分析：本题目是对两种情况的不同处理，因此满足双路分支结构。

参考代码如下：

```
1  # E3 - 9.py
2  # 双路分支判断奇偶
3  s = eval(input("请输入一个整数:"))
4  if s % 2 == 0:
5      print("这是个偶数")
6  else:
7      print("这是个奇数")
```

运行程序，输入整数 6，程序运行结果如下：

```
请输入一个整数:6
这是个偶数
```

运行程序，输入整数 3，程序运行结果如下：

```
请输入一个整数:3
这是个奇数
```

【例 3-10】　输入 x 的值，计算 $y=\begin{cases}\sqrt{x^2-25} & x\leqslant-5 \text{ 或 } x\geqslant5 \\ \sqrt{25-x^2} & -5<x<5\end{cases}$ 中 y 的值。

问题分析：题目中给出的是分成两段的分段函数，且自变量取值范围的并集为全集，因此可以采用双路分支结构。

参考代码如下：

```
1  # E3 - 10.py
2  # 按条件求解表达式的值
3  x = eval(input("输入一个整数:"))
4  if x <= - 5 or x >= 5:
5      y = (x ** 2 - 25) ** 0.5
6  else:
```

```
7       y = (25 - x ** 2) ** 0.5
8   print(y)
```

运行程序,输入整数-15,程序运行结果如下:

```
输入一个整数:- 15
14.142135623730951
```

运行程序,输入整数2,程序运行结果如下:

```
输入一个整数:2
4.58257569495584
```

运行程序,输入整数15,程序运行结果如下:

```
输入一个整数:15
14.142135623730951
```

注意:此处也可以通过导入 math 库,利用 sqrt()函数求解平方根。

【例 3-11】 输入一个数,利用 turtle 库绘制如图 3-6 所示的圆形,当输入的数是偶数时,填充颜色为蓝色;当输入的数是奇数时,填充颜色为红色。画笔大小为 5,圆的半径为 100。

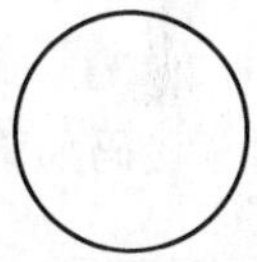

问题分析:该程序将例 3-9 的情形与 turtle 绘图功能相结合。在不同分支下设置不同的填充颜色。

图 3-6 用 turtle 绘制圆形

参考代码如下:

```
1   # E3 - 11.py
2   #用 turtle 绘制圆形
3   import turtle
4   x = eval(input("输入一个整数:"))
5   if x % 2 == 0:
6       turtle.fillcolor("blue")
7   else:
8       turtle.fillcolor("red")
9   turtle.pensize(5)
10  turtle.hideturtle()
11  turtle.begin_fill()
12  turtle.circle(100)
13  turtle.end_fill()
```

运行程序文件,当输入偶数时,绘制的是蓝色的圆形;当输入奇数时,绘制的是红色的圆形。

对于一些语句结构简单的情形,双路分支结构还可以用表达式的形式实现,语法格式如下所示。

<表达式 1> if <条件表达式> else <表达式 2>

功能:当<条件表达式>的值为 True 时,执行<表达式 1>;当<条件表达式>的值为 False 时,执行<表达式 2>。

【例 3-12】 输入一个数,如果这个数是 10,则输出"猜对了",否则输出"猜错了"。

程序控制结构

问题分析：此问题既可以选用常规的双路分支结构表示，又可以选用双路分支结构的表达式形式进行表示。此处选用双路分支的表达式形式表示。

参考代码如下：

```
1  ♯E3 - 12.py
2  ♯猜数
3  guess = eval(input())
4  y = "猜对了" if guess == 10 else "猜错了"
5  print(y)
```

运行程序，输入数字 10，程序运行结果如下：

```
10
猜对了
```

运行程序，输入数字 5，程序运行结果如下：

```
5
猜错了
```

【例 3-13】 用双路分支的表达式形式改写例 3-9。

参考代码如下：

```
1  ♯E3 - 13.py
2  ♯表达式形式判断奇偶
3  s = eval(input("请输入一个整数:"))
4  y = "偶数" if s % 2 == 0 else "奇数"
5  print(y)
```

运行程序，输入整数 6，程序运行结果如下：

```
请输入一个整数:6
偶数
```

运行程序，输入整数 3，程序运行结果如下：

```
请输入一个整数:3
奇数
```

3.3.3 多路分支结构

多路分支结构是双路分支结构的扩展，其语法格式如下所示。

```
if <条件表达式 1>:
    <语句块 1>
elif <条件表达式 2>:
    <语句块 2>
......
elif <条件表达式 n>:
    <语句块 n>
[else:
    <语句块 n + 1>]
```

其中：

- 多路分支结构以关键字 if 开头，后接<条件表达式>。
- <条件表达式 1>、<条件表达式 2>、……、<条件表达式 n>可以是关系表达式、逻辑表达式、算术表达式等。
- 冒号"："表示一个语句块的开始，不能缺少。
- <语句块 1>、<语句块 2>、……、<语句块 n>可以是单个语句，也可以是多个语句。<语句块 1>、<语句块 2>、……、<语句块 n>相对于 if，elif 和 else 的位置缩进 4 个字符。
- 方括号部分可以省略。

功能：当<条件表达式 1>的值为 True 时，执行 if 后的<语句块 1>，继而多路分支语句结束；若<条件表达式 1>的值为 False，则继续判断 elif 后<条件表达式 2>的值。若<条件表达式 2>的值为 True，执行<语句块 2>，多路分支语句结束；若为 False，则继续判断 elif 后<条件表达式 3>的值，以此类推。如果所有条件表达式均不成立，则执行 else 部分的<语句块 n＋1>，多路分支语句结束，其流程图如图 3-7 所示。

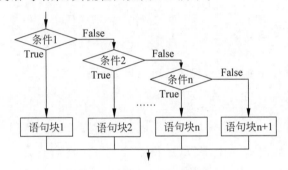

图 3-7　多路分支结构流程图

注意：若<条件表达式 k>成立且执行了其对应的语句块，此时多路分支结构结束，<条件表达式 k>后续的<条件表达式>即便成立也不会执行，并且可以断定<条件表达式 k>之前的<条件表达式>都不成立。

【例 3-14】　编写程序：输入学生成绩，根据成绩所在区间进行分类输出。

90 分以上	输出：优秀
80～89 分	输出：良好
70～79 分	输出：中等
60～69 分	输出：及格
低于 60 分	输出：不及格

问题分析：该题目将学生成绩分成 5 种情况进行分类输出，因此符合多路分支结构的特点。此外，考虑到多路分支结构中前面分支的<条件表达式>不成立才会执行后面<条件表达式>成立的分支语句，因此可适当对每个区间的条件表达式进行简化。

参考代码如下：

```
1  #E3-14.py
2  #根据成绩区间分类输出
3  score = eval(input("请输入学生成绩:"))
```

程序控制结构

```
4    if score > = 90:
5        print("优秀")
6    elif score > = 80:
7        print("良好")
8    elif score > = 70:
9        print("中等")
10   elif score > = 60:
11       print("及格")
12   else:
13       print("不及格")
```

运行程序,输入学生成绩为 69,程序运行结果如下:

```
请输入学生成绩:69
及格
```

运行程序,输入学生成绩为 75,程序运行结果如下:

```
请输入学生成绩:75
中等
```

运行程序,输入学生成绩为 97,程序运行结果如下:

```
请输入学生成绩:97
优秀
```

【例 3-15】 从键盘输入一个字符,赋值给变量 ch,判断它是英文字母、数字或其他字符。

根据题目要求,分析输入字符的 3 种情况:

(1) 英文字母:"a"<=ch<="z"或"A"<=ch<="Z"。

(2) 数字字符:"0"<=ch<="9"。

(3) 其他字符:排除(1)和(2)两种情况的情况。

参考代码如下:

```
1    ♯E3 - 15.py
2    ♯判断输入字符的种类
3    ch = input("请输入一个字符:")
4    if "a" <= ch <= "z" or "A" <= ch <= "Z":
5        print("英文字母")
6    elif "0" <= ch <= "9":
7        print("数字")
8    else:
9        print("其他字符")
```

运行程序,输入字母 m,程序运行结果如下:

```
请输入一个字符:m
英文字母
```

运行程序,输入数字 7,程序运行结果如下:

```
请输入一个字符:7
数字
```

运行程序,输入其他字符 ∗ ,程序运行结果如下:

```
请输入一个字符: ∗
其他字符
```

【例 3-16】 编写程序,输入员工号和该员工的工作时数,计算并输出员工的应发工资。
工资计算方法如下:

(1) 月工作时数超过 150 小时者,超过部分加发 15%。

(2) 月工作时数低于 100 小时者,扣发 500 元。

(3) 其余情况按每小时 60 元发放。

问题分析:该题目共描述了 3 种计算方法,符合多路分支结构特点。输入的员工号与
应发工资的计算没有关联,只需要根据员工的工作时数,按题目要求分段计算应发工资
即可。

参考代码如下:

```
1   #E3-16.py
2   #计算不同情况下员工工资
3   num = input("员工号:")
4   h = eval(input("工作时数:"))
5   s = 0
6   if h>150:
7       s = (h + (h - 150) * 0.15) * 60
8   elif h<100:
9       s = h * 60 - 500
10  else:
11      s = h * 60
12  print("员工的应发工资是",s))
```

输入员工号 3001、工作时数 160,程序运行结果如下:

```
员工号:3001
工作时数:160
员工的应发工资是 9690.0
```

输入员工号 3002、工作时数 120,程序运行结果如下:

```
员工号:3002
工作时数:120
员工的应发工资是 7200
```

输入员工号 3003、工作时数 85,程序运行结果如下:

```
员工号:3003
工作时数:85
员工的应发工资是 4600
```

程序控制结构

3.4 循 环 结 构

在程序设计过程中,经常需要将一些代码按照要求重复多次执行,这时就需要用到循环结构。Python 有两种类型的循环语句,分别是 for 循环和 while 循环。for 循环用于确定次数的循环,while 循环多用于非确定次数的循环。

3.4.1 for 循环结构

1. for 语句的一般格式

for 循环结构是循环控制结构中使用较广泛的一种循环控制语句。for 循环以遍历序列对象的方式构造循环,特别适用于循环次数确定的情况,其语法格式如下所示。

```
for <变量> in <序列对象>:
    <循环体>
```

其中:

- <变量>即循环变量,用于存放从序列对象中读取出来的元素。<变量>能够控制循环次数,也可以参与到循环体中。
- <序列对象>可以是字符串、列表、元组、集合、文件等,也可以使用 range()产生。
- <循环体>中的语句是需要重复执行的部分,相对于 for 要缩进 4 个字符。

功能:尝试从<序列对象>中选取元素,如果有元素待选取,则执行<循环体>,并在执行<循环体>后,继续尝试从<序列对象>中选取元素;如果<序列对象>没有元素待选取,则结束循环,其流程图如图 3-8 所示。

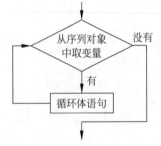

图 3-8 for 循环流程图

2. range()

range()是 Python 的内建对象,可以创建一个整数序列,常用在 for 循环中,也可以通过 list()、tuple()、set()等函数将 range()生成的数据分别转换成列表、元组、集合等类型数据,range()语法格式如下:

```
range([start,] stop[,step])
```

其中:

- start 表示计数开始的数值,缺省时为 0。
- stop 表示结束但不包括的数值。
- step 表示步长,可正可负,缺省时为 1。

功能:range()表示生成一个从 start 值开始,到 stop 值结束(但不包含 stop)的 range 对象。

例如:

range(5)等价于 range(0,5,1),生成的整数序列为 0,1,2,3,4。

range(2,18,3)生成的整数序列为 2,5,8,11,14,17。

range(−10,0)生成的整数序列为 −10,−9,−8,−7,−6,−5,−4,−3,−2,−1。

range(10,1,−2)生成的整数序列为 10,8,6,4,2。

说明：range()返回的是一个可迭代对象，其类型为"range"，所以使用 print()函数不会输出具体数值。

3. for 语句的应用

for 语句经常与 range()配合使用，用于遍历由 range()生成的整数序列。

【例 3-17】　循环输出 0~5 的整数。

问题分析：可以利用 range(6)生成 0~5 的整数序列，同时结合 for 循环输出该序列。此处 range()的参数设定不唯一。

参考代码如下：

```
1   ♯E3 - 17.py
2   ♯循环输出数值 0~5
3   for i in range(6):
4       print(i,end = ',')
```

程序运行结果如下：

```
0,1,2,3,4,5,
```

【例 3-18】　循环输出 1~10 的奇数。

问题分析：可以利用 range(1,11,2)生成 1~10 的奇数，同时结合 for 循环输出。此处 range()的参数设定不唯一。

参考代码如下：

```
1   ♯E3 - 18.py
2   ♯循环输出 1~10 的奇数
3   for i in range(1,11,2):
4       print(i,end = '')
```

程序运行结果如下：

```
1 3 5 7 9
```

【例 3-19】　利用循环求解 1~100 的累加和。

问题分析：利用 range()构造 1~100 的整数序列。定义变量 s，并赋初值为 0，用于存放循环累加的结果。每循环一次循环变量 i 会从生成的序列中取一个值，同时将变量 i 的值累加到变量 s 中。当循环结束时，s 中保存就是 1~100 的累加和。

参考代码如下：

```
1   ♯E3 - 19.py
2   ♯求 1~100 的累加和
3   s = 0
4   for i in range(1,101):
5       s += i
6   print("1 + 2 + 3 + ⋯ + 100 = ",s)
```

程序运行结果如下：

程序控制结构

66

```
1 + 2 + 3 + … + 100 = 5050
```

【**例 3-20**】 使用 turtle 库绘制红色五角星图形,效果如图 3-9 所示,五角星非相邻两个顶点间的距离为 200。

问题分析:如图 3-10 所示,绘制过程以 S 为起始点绘制直线,长度为 200,此时到达五角星的另外一个顶点,然后向右转 144°,再继续绘制直线,长度为 200,如此反复 5 次,最终绘制出五角星。绘制顺序如图中箭头方向所示。

图 3-9 用 turtle 绘制五角星

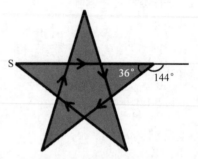

图 3-10 绘制五角星的方法

参考代码如下:

```
1   #E3 - 20.py
2   #绘制五角星
3   from turtle import *
4   setup(400,400)
5   penup()
6   goto( - 100,50)
7   pendown()
8   color("red")
9   begin_fill()
10  for i in range(5):
11      forward(200)
12      right(144)
13  end_fill()
14  hideturtle()
15  done()
```

for 语句还经常用于字符串、列表、元组、字典、集合、文件等的遍历,这些内容将在后续章节中介绍。这里只给出几个简单的实例。

【**例 3-21**】 利用 for 循环遍历字符串"PythonStudy",输出字符"y"出现的个数。

问题分析:为了统计字符"y"出现的次数,可以定义一个变量 n 用于计数。同时用 for 循环遍历字符串"PythonStudy",并利用 if 单路分支结构对循环变量 i 的值进行判断:如果 i 的值为"y",则 n 值增 1。循环结束时变量 n 的值即为字符"y"出现的次数。

参考代码如下:

```
1   #E3 - 21.py
2   #统计某字符出现的个数
3   n = 0
4   for i in "PythonStudy":
```

```
5        if i == 'y':
6            n += 1
7    print("n 的个数为",n)
```

程序运行结果如下：

```
n 的个数为 2
```

【例 3-22】 循环输出列表["11350675","白萌萌","女",660]中的元素。

问题分析：利用 for 循环对列表进行遍历时，循环变量会访问列表中的每一个元素。

参考代码如下：

```
1    ♯E3 - 22.py
2    ♯列表的遍历
3    for st in ["11350675","白萌萌","女",660]:
4        print(st,end = '-')
```

程序运行结果如下：

```
11350675 - 白萌萌 - 女 - 660 -
```

与双路分支结构相似，对于一些功能简单的情形，for 循环结构也可以用表达式的形式实现，语法格式如下所示。

[<表达式> for <变量> in <序列对象>]

功能：将每次循环时<表达式>的值作为元素汇集并生成一个新的列表。该语法格式两端的"[]"也可以用"()""{}"替换，分别用于生成元组、集合。

【例 3-23】 已知公式 $y = 3x^2 - 1$，其中 $x \in [1,7,12,21,56]$，求由 y 值组成的列表。

参考代码如下：

```
1    ♯E3 - 23.py
2    ♯表达式形式的 for 语句举例
3    y = [3 * x ** 2 - 1 for x in [1,7,12,21,56]]
4    print(y)
```

程序运行结果如下：

```
[2,146,431,1322,9407]
```

3.4.2 while 循环结构

while 循环结构主要用于构造不确定运行次数的循环。while 循环结构也可以完成 for 循环结构的功能，但不如 for 循环结构简单直观。while 循环的语法格式如下所示。

```
while <条件表达式>:
    <循环体>
```

- <条件表达式>可以是关系表达式、逻辑表达式、算术表达式等。
- <循环体>中的语句是需要重复执行的部分。

程序控制结构

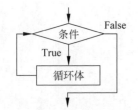

图 3-11　while 循环流程图

功能：while 循环结构首先判断<条件表达式>的值，如果为 True，则重复执行<循环体>，直到<条件表达式>的值为 False 时，结束循环，其流程图如图 3-11 所示。

说明：在 while 语句的循环体中一定要包含改变测试条件的语句或 break 语句，以避免死循环的出现，保证循环能够结束。

【例 3-24】　用 while 循环改写例 3-17。

问题分析：while 循环也可以解决循环次数确定的情况，但需要在循环之前额外定义控制循环次数的变量，并在循环内部增加改变该变量值的语句。

参考代码如下：

```
1  #E3 - 24.py
2  #改写例 3 - 17
3  i = 0
4  while i < 6:
5      print(i, end = ',')
6      i = i + 1
```

思考：若此处没有语句 i＝i＋1，则代码执行时会出现什么问题？

【例 3-25】　从键盘输入若干个数，求所有正数之和。当输入 0 或负数时，程序结束。

问题分析：此处涉及求累加和的问题，但由于循环次数不确定，因此选用 while 循环求解。为保证输入若干个数，循环体中需要有输入语句，使得每次循环都会输入一个新的数据，此处用变量 x 表示。同时，执行循环体前需要对条件表达式进行判断，因此在循环体前还需要一条输入语句作为 x 的初始值。

参考代码如下：

```
1  #E3 - 25.py
2  #求若干个数的和
3  s = 0
4  x = eval(input("请输入一个正整数:"))
5  while x > 0:
6      s = s + x
7      x = eval(input("请输入一个正整数:"))
8  print("s = ", s)
```

运行程序，依次输入 15、3、48、26、0，程序运行结果如下：

```
请输入一个正整数:15
请输入一个正整数:3
请输入一个正整数:48
请输入一个正整数:26
请输入一个正整数:0
s = 92
```

3.4.3　break、continue 和 pass 语句

break、continue 和 pass 语句在 for 循环和 while 循环中都可以使用，并且在循环体中一

般与选择结构配合使用,以达到满足特定条件时执行的效果。

（1）break 语句。break 语句的作用是终止循环的执行,如果循环中执行了 break 语句,循环就会立即终止。

（2）continue 语句。continue 语句的作用是立即结束本次循环,开始下一轮循环,也就是说,跳过循环体中在 continue 语句之后的所有语句,并根据条件判断是否继续下一轮循环。对于 for 循环,执行 continue 语句后将<序列对象>中的下一个元素赋值给<变量>;对于 while 循环,执行 continue 语句后将转到<条件表达式>判断部分。

（3）pass 语句。pass 语句是空语句,不做任何事情,一般用作占位语句,保证程序结构的完整。例如,如果只是想利用循环延迟后续程序的执行时间,可以让程序循环一定次数却什么都不做,然而循环体可以包含一个语句或多个语句,但是却不可以没有任何语句,此时就可以使用 pass 语句。与 break 和 continue 语句不同的是,pass 语句不仅可以用在循环结构中,也可以用在顺序结构和选择结构中。

【例 3-26】 将字符串"BIYE"中的字符"I"去掉,并输出其他字符。

参考代码如下:

```
1   #E3-26.py
2   #去掉字符并输出
3   for k in "BIYE":
4       if k == "I":
5           continue
6       print(k, end = "")
```

程序运行结果如下:

```
BYE
```

扩展:若用 break 代替例 3-26 中的 continue,会有什么样的结果?

针对这一问题,改写程序如下所示:

```
1   #E3-26扩展.py
2   #去掉字符并输出
3   for k in "BIYE":
4       if k == "I":
5           break
6       print(k, end = "")
```

程序运行结果如下:

```
B
```

分析:在例 3-26 中,程序执行到 continue 时,会跳转到下一次循环,由于字符"I"后面还有其他字符,所以会继续执行。若将 continue 替换为 break,由于 break 语句会跳出循环,所以程序执行结束,后面的字符不再访问。

3.4.4 循环结构的 else 语句

无论是 for 循环还是 while 循环都支持 else 语句,具体格式如下:

```
for <变量> in <序列对象>:              while <条件表达式>:
    <循环体>                             <循环体>
[else:                                [else:
    <语句块>]                            <语句块>]
```

else 所在的方括号部分可以省略。如果循环的结束是由于 for 循环中对<序列对象>的遍历已完成,或者是由于 while 循环的<条件表达式>不成立而自然结束,则执行 else 结构中的<语句块>;如果循环是因为执行了 break 语句而导致提前结束,则不执行 else 中的<语句块>。

由于两种循环的 else 语句部分用法相似,所以我们以 for 循环中的 else 语句为例进行介绍。

【例 3-27】 将字符串"BIYE"中的字符"I"去掉,并输出其他字符。若 for 循环完成遍历,则输出字符串"毕业,再见!"。

参考代码如下:

```
1  ♯E3-27.py
2  ♯去掉字符并输出
3  for k in "BIYE":
4      if k == "I":
5          continue
6      print(k, end = " - ")
7  else:
8      print("毕业,再见!")
```

程序运行结果如下:

```
B - Y - E - 毕业,再见!
```

扩展:若用 break 代替例 3-27 中的 continue,会有什么样的结果?

针对这一问题,改写程序如下所示:

```
1  ♯E3-27 扩展 1.py
2  ♯去掉字符并输出
3  for k in "BIYE":
4      if k == "I":
5          break
6      print(k, end = " - ")
7  else:
8      print("毕业,再见!")
```

程序运行结果如下:

```
B -
```

分析:如果循环是由 break 语句结束的,则 else 部分的语句不执行,所以程序的运行结果中没有输出字符串"毕业,再见!"

扩展:若用 pass 代替例 3-27 中的 continue,会有什么样的结果?

针对这一问题,改写程序如下所示:

```
1   #E3-27 扩展2.py
2   #去掉字符并输出
3   for k in "BIYE":
4       if k == "I":
5           pass
6       print(k, end = " - ")
7   else:
8       print("毕业,再见!")
```

程序运行结果如下：

```
B - I - Y - E - 毕业,再见!
```

分析：pass 语句是一个空语句,在本程序中去掉 if 分支部分也不影响最后的结果;由于没有 break 语句,else 部分也会正常执行。

3.5 嵌套程序

无论是分支结构还是循环结构,都允许嵌套。嵌套就是分支内还有分支,循环内还有循环或者分支内有循环,循环内有分支等。在设计嵌套程序时,要特别注意内层结构和外层结构之间的嵌套关系,以及各语句放置的位置。要保证外层结构完全包含内层结构,不允许出现交叉。

【例 3-28】 输入一个数,如果该数是偶数,则绘制一个圆形(半径为 100,用红色填充),否则逆时针绘制一个正方形(边长为 200,用黄色填充)。

参考代码如下：

```
1   #E3-28.py
2   #根据输入绘制不同形状
3   from turtle import *
4
5   x = eval(input("输入一个数:"))
6   begin_fill()
7   if x % 2 == 0:
8       fillcolor('red')
9       circle(200)
10  else:
11      fillcolor("yellow")
12      for i in range(4):
13          fd(200)
14          left(90)
15  end_fill()
```

当输入一个偶数时,程序会绘制一个红色圆形;当输入一个奇数时,程序会绘制一个黄色正方形。这段程序用双路分支结构判断输入数据的奇偶,if 部分的程序用于绘制圆形,else 部分用于绘制正方形。总体来讲,该段程序是一个嵌套程序,具体位置是在双路分支结构的 else 部分嵌套了一个 for 循环结构。

对于 while 循环，如果<条件表达式>的值恒为 True，我们称这种循环结构为恒真循环，也称为无穷循环。为了保证恒真循环不是死循环，通常会在恒真循环内部嵌套带有 if 分支结构的 break 语句。

【例 3-29】 按"编号、姓名、性别、年龄"的顺序依次输入若干条记录，将这些记录保存在一个字符串变量 sinput 中，并输出。

问题分析：该题可以利用在 while 循环中嵌套 if 单路分支结构的形式完成。以字符串的形式输入记录，然后通过"＋"运算将所有输入字符串连接在一起，并存储在 sinput 变量中。

参考代码如下：

```
1  ＃E3－29.py
2  '''
3  利用恒真循环实现数据多次输入
4  将数据存储在字符串变量中
5  '''
6
7  ＃输入
8  s = ''
9  print('按以下格式输入记录:')
10 print('编号 姓名 性别 年龄')
11 while True:
12     x = input('输入一条记录:')
13     if x == '':
14         break
15     s = s + x + '\n'
16
17 ＃输出
18 print(s)
```

程序运行结果如下：

```
按以下格式输入记录:
编号 姓名 性别 年龄
输入一条记录:001 王梦 女 20
输入一条记录:002 孙凯 男 19
输入一条记录:003 吴越 女 19
输入一条记录:
001 王梦 女 20
002 孙凯 男 19
003 吴越 女 19
```

【例 3-30】 用恒真循环改写例 3-25。

问题分析：例 3-25 中使用了两次输入语句：一次在循环前用于初始化 x 变量，另一次是在循环体中用于多次输入 x 的值。由于恒真循环的条件始终为 True，因此恒真循环的第一次循环必然会执行，所以可以将例 3-25 中循环前用于初始化变量 x 的输入语句删除，只保留循环体中的输入语句即可。为了保证恒真循环能够结束，需要在循环体中嵌套一个单路分支结构，用于判断当输入的 x 小于 0 时结束循环。

参考代码如下:

```
1   #E3-30.py
2   #用恒真循环改写例3-25
3   s = 0
4   while True:
5       x = eval(input("请输入一个正整数:"))
6       if x <= 0:
7           break
8       s = s + x
9   print("s = ",s)
```

循环内嵌套循环也是常用的一种嵌套程序模式。这种嵌套模式需要特别注意内层循环和外层循环之间变量的关系。

【例3-31】 利用循环输出九九乘法表。

问题分析:可以先用占位符代替乘法表中的每一个算式,然后用占位符构造出九九乘法表直角三角形的外层,再将占位符转换回每一个具体的算式。构造外层时,可以先考虑每行输出算式的个数,再考虑多行输出的情况,从而构造出外层循环变量和内层循环变量的函数关系,并参照此函数关系设置range()的参数。

参考代码如下:

```
1   #E3-31.py
2   #九九乘法表
3   for i in range(1,10,1):
4       for j in range(1,i+1,1):
5           print('{} * {} = {:<2d}'.format(i,j,i*j),end = '')
6       print('')
```

程序运行结果如下:

```
1 * 1 = 1
2 * 1 = 2   2 * 2 = 4
3 * 1 = 3   3 * 2 = 6   3 * 3 = 9
4 * 1 = 4   4 * 2 = 8   4 * 3 = 12 4 * 4 = 16
5 * 1 = 5   5 * 2 = 10 5 * 3 = 15 5 * 4 = 20 5 * 5 = 25
6 * 1 = 6   6 * 2 = 12 6 * 3 = 18 6 * 4 = 24 6 * 5 = 30 6 * 6 = 36
7 * 1 = 7   7 * 2 = 14 7 * 3 = 21 7 * 4 = 28 7 * 5 = 35 7 * 6 = 42 7 * 7 = 49
8 * 1 = 8   8 * 2 = 16 8 * 3 = 24 8 * 4 = 32 8 * 5 = 40 8 * 6 = 48 8 * 7 = 56 8 * 8 = 64
9 * 1 = 9   9 * 2 = 18 9 * 3 = 27 9 * 4 = 36 9 * 5 = 45 9 * 6 = 54 9 * 7 = 63 9 * 8 = 72 9 * 9 = 81
```

【例3-32】 利用循环输出由 * 号组成的图形,如图3-12所示。

问题分析:可以采用for循环嵌套的形式输出图形。外层for循环决定了输出图形的行数。有两个内层for循环:第一个用于循环输出空格,循环次数决定了输出空格的数量;第二个用于循环输出 * 号,循环次数决定了输出 * 号的数量。内层循环的循环次数可以通过构造每行的行号分别与所在行的空格数和 * 号数的对应函数关系来确定。

```
   *
  ***
 *****
******
*******
```

图3-12 由 * 号组
成的图形

参考代码如下:

```
1   #E3-32.py
2   #输出图形
3   for i in range(4):
4       #输出空格
5       for j in range(3-i):
6           print('',end='')
7       #输出 * 号
8       for j in range(2*i+1):
9           print(" * ",end='')
10      print('')
```

程序运行结果如下:

```
    *
   ***
  *****
 *******
```

3.6 程序的异常处理

对于程序设计者而言,在编写程序过程中可能会出现一些错误,导致程序出错或终止。通常错误可以分为如下 3 类。

(1)运行时错误。在运行时产生的错误称为异常,如果在程序中引发了未经处理的异常,程序就会由于异常而终止运行。例如除数为 0、名字错误、磁盘空间不足等。

(2)语法错误。语法错误也称编译错误或解析错误,是指违背语法规则而引发的错误。通常情况下,Python 解释器会指出错误的位置和类型。例如函数括号的重复或缺失,分支或循环结构中冒号的缺失等。

(3)逻辑错误。逻辑错误不会导致解释器报错,但执行结果不正确。其主要原因是代码的逻辑错误导致的。例如:算术表达式中的"+"错误地写成了"-"号,表达式"i+=1"错误地写成了"i+=2",或者语句先后顺序颠倒等问题造成的逻辑错误。

在发生异常时,Python 解释器会返回异常信息。

【例 3-33】 异常发生举例。

```
1   #E3-33.py
2   #异常发生举例
3   x=3
4   y=int(input("输入一个整数:"))
5   print(x+y)
```

程序运行结果如下:

```
输入一个整数: 3.1
Traceback (most recent call last):
  File "D:/ Eg /E-33.py", line 4, in <module>
    y=int(input("输入一个整数:"))
ValueError: invalid literal for int() with base 10: '3.1'
```

该结果出现了异常,这是由于输入的数据是一个浮点数而非整数,int 函数在对输入数据进行转换时发生了异常。

该异常运行结果中的信息说明如下。

- Traceback:异常回溯标记。
- D:/Eg/E3-33.py:异常文件路径。根据文件保存的位置的不同而不同。
- line 4:异常产生的代码行数。根据异常产生的位置不同,"line"后的数字也会不同。
- ValueError:异常类型。根据异常发生的情况进行分类,常见异常类型有很多种,例如 ZeroDivisionError、NameError 等。
- invalid literal for int() with base 10:'3.1':异常内容提示。不同的异常情况会有不同的提示。

Python 语言采用结构化的异常处理机制捕获和处理异常。异常处理的语法格式如下所示。

```
try:
    <语句块 0>
except[ <异常类型 1>]:
    <语句块 1>
[except[ <异常类型 2>]:
    <语句块 2>
……
except[ <异常类型 n>]:
    <语句块 n>]
[else:
    <语句块 n+1>]
[finally:
    <语句块 n+2>]
```

其中:

- 异常处理以 try 开头。
- <语句块 0>中的语句是可能发生异常的语句,若有异常,则执行到发生异常前。
- <异常类型 1>和<语句块 1>:将程序运行时产生的异常类型与<异常类型 1>进行比对,若一致则执行对应的<语句块 1>。若<异常类型 1>缺省,则所有情况的异常都可以在对应<语句块 1>中执行。其余异常类型和语句块的处理方式与<异常类型 1>/<语句块 1>部分的处理方式相同。
- else:不发生异常时执行<语句块 n+1>。
- finally:发不发生异常都执行<语句块 n+2>。

最简单的捕捉和处理异常的形式是采用一个 try-except 结构来完成。

【例 3-34】 利用简单的 try-except 结构处理例 3-33 中的异常。

```
1  # E3 - 34.py
2  # 简单异常处理举例
3  x = 3
4  try:
5      y = int(input("输入一个整数:"))
6      print(x + y)
7  except ValueError:
8      print("输入错误,请输入一个整数")
```

76

输入数值 3.1,程序运行结果如下：

```
输入一个整数:3.1
输入错误,请输入一个整数
```

输入数值 5,程序运行结果如下：

```
输入一个整数:5
8
```

常见异常类型如表 3-1 所示。

表 3-1　常见异常类型

异 常 类 型	描　　述
AttributeError	调用未知对象属性时引发的异常
EOFError	发现一个不期望的文件或输入结束时引发的异常
IndexError	使用序列中不存在的索引时引发的异常
IOError	I/O 操作引发的异常
KeyError	使用字典中不存在的关键字引发的异常
NameError	使用不存在的变量名引发的异常
ValueError	参数错误引发的异常
ZeroDivisionError	除数为 0 引发的异常

【例 3-35】　下面两段程序中,假设有可能出现两种异常,一种是由于输入异常导致,另一种是由于除数为 0 导致。输入异常是在程序运行时输入非数值型数据产生的,除数为 0 异常是在程序运行时输入数值 0 产生的。对比以下两种处理方法,分析程序结果及原因。

```
1  ♯E3 - 35 方法一.py
2  ♯方法一
3  x = 2
4  try:
5      y = eval(input("y = "))
6      z = x/y
7      print(z)
8  except:
9      print('除数为 0')
```

```
1  ♯E3 - 35 方法二.py
2  ♯方法二
3  x = 2
4  try:
5      y = eval(input("y = "))
6      z = x/y
7      print(z)
8  except ZeroDivisionError:
9      print('除数为 0')
```

解析:"方法一"和"方法二"的不同点就在于 except 后的异常类型是否标注。针对两种不同的异常类型,分别进行分析。

（1）除数为 0 产生的异常。

在输入时,若 y 的值输入为 0,则应产生除数为 0 的异常。

"方法一"运行时,输入 y 的值为 0,运行结果如下:

```
y = 0
除数为 0
```

"方法二"运行时,输入 y 的值为 0,运行结果如下:

```
y = 0
除数为 0
```

(2) 输入错误产生的异常。

在输入时,若 y 的值输入为非数值类型数据,则应产生异常。

"方法一"运行时,输入 y 的值为字母 k,运行结果如下:

```
y = k
除数为 0
```

"方法二"运行时,同样输入 y 的值为字母 k,运行结果如下:

```
y = k
Traceback (most recent call last):
  File "D: /Eg/E - 35 方法二.py", line 5, in <module>
    y = eval(input("y = "))
  File "<string>", line 1, in <module>
NameError: name 'k' is not defined
```

我们看到,两种方法中输入 y 的值都是非数值型数据 k,但结果却不相同。"方法一"中并没有解决输入的 y 值是非数值的问题,而是仍然认为输入的除数为 0,这显然是错误的。导致这一错误的原因是 except 后的异常类型是否给出。如果没有明确给出异常类型,则认为程序中产生的所有异常都可以在该 except 后的语句中被处理。因此虽然输入非数值数据导致的异常并不应该打印"除数为 0",但解释器也错误地认为可以用这种方法来解决。而"方法二"则明确了该 except 语句能够解决的异常类型为 ZeroDivisionError,所以这部分语句只处理除数为 0 的异常,而输入非数值数据异常发生时,并没有将该异常捕获,而是将异常抛出。

【例 3-36】 改写例 3-35 使其能够正确处理两种类型的异常。

参考代码如下:

```
1   ♯E3 - 36.py
2   ♯改进例 3 - 35
3   x = 2
4   try:
5       y = eval(input("y = "))
6       z = x/y
7       print(z)
8   except NameError:
9       print("输入错误,请输入一个数")
10  except ZeroDivisionError:
11      print('除数为 0')
```

```
12      z = x/(y + 0.0001)
13      print(z)
14 else:
15      print("没有异常发生")
16 finally:
17      print("计算完成")
```

运行程序,为 y 的值输入 0,程序运行结果如下:

```
y = 0
除数为 0
20000.0
计算完成
```

运行程序,为 y 的值输入 k,程序运行结果如下:

```
y = k
输入错误,请输入一个数
计算完成
```

运行程序,为 y 的值输入 3,程序运行结果如下:

```
y = 3
0.6666666666666666
没有异常发生
计算完成
```

3.7   random 库

random 库是 Python 的一个标准库,包含多种生成随机数的函数。random 库中的大部分函数都基于 random()函数,该函数使用梅森旋转算法(Mersenne twister)生成随机数。梅森旋转算法是一个伪随机数发生算法,所以由 random()函数和基于 random()函数生成随机数的函数所生成的随机数都是伪随机数。

使用 random 库的功能前,需要先导入 random 库。

random 库包含两类函数,分别是基本随机函数和扩展随机函数,如表 3-2 和表 3-3 所示。

表 3-2　random 库基本随机函数

函　　数	功 能 描 述	表达式实例 & 实例结果
seed(a)	用于初始化随机数种子,a 缺省时默认为当前系统时间。只要确定了随机种子,每一次产生的随机序列都是确定的	实例:random.seed(5) 结果:无显示结果
random()	用于生成一个位于[0.0,1.0]的随机小数	实例:random.random() 结果:0.6229016948897019 (此结果前提是执行语句 random.seed(5))

表 3-3 **random** 库扩展随机函数

函　　数	功　能　描　述	表达式实例 & 实例结果
uniform(a,b)	用于生成一个位于[a,b]的随机小数	实例：random.uniform(3,7) 结果：5.967147957042918(此结果随机，在[3,7]中选取任一小数)
randint(a,b)	用于生成一个位于[a,b]的整数，要求 a≤b	实例：random.randint(3,7) 结果：6(此结果随机，在[3,7]中选取任一整数)
		实例：random.randint(7,3) 结果：ValueError
randrange（[start,]stop[,step]）	用于生成一个位于[start,stop)且以 step 为步长的随机整数。start 缺省时的默认值为 0,step 缺省时的默认值为 1。要求 start≤stop 时,step 为正；start＞stop 时,step 为负。有参数 step 时,start 不可以缺省	实例：random.randrange(1,10,2) 结果：3(此结果随机，在[1,10)中选取步长为 2 的任一整数)
		实例：random.randrange(10,2) 结果：ValueError
		实例：random.randrange(10) 结果：8(此结果随机，在[0,10)中选取任一整数)
choice(seq)	用于从序列 seq 中随机选取一个元素	实例：random.choice([3,7,8,11,23]) 结果：7(此结果随机，在给定参数列表中选取任一元素)
		实例：random.choice('Python') 结果：'t'(此结果随机，范围是 'Python' 中的任一字母)
		实例：random.choice(['Python','VC','VB','Java']) 结果：'VC'(此结果随机，在给定参数列表中选取任一元素)
shuffle(seq)	用于将序列 seq 的顺序重新随机排列，并返回重新排列后的结果	实例：s＝[3,7,8,11,23] 　　　random.shuffle(s) 　　　print(s) 结果：[3,8,23,11,7](此结果随机)
sample(seq,k)	用于从序列 seq 中随机选取 k 个元素组成新的序列	实例：random.sample([3,7,8,11,23],3) 结果：[11,8,23](此结果随机)
getrandbits(k)	用于生成一个 kb 长的随机整数	实例：random.getrandbits(6) 结果：38(对应的二进制数为 100110,6b 长。此结果随机)

【例 3-37】　班级举行抽奖活动,参与抽奖活动的学生有 10 名,分别是王东明、张帅阳、郝晴、潘盼盼、魏晓娟、孙清成、于胜、李丹、王文菲、高爽。利用随机函数抽取 3 名幸运之星。

参考代码如下：

```
1  #E3-37.py
2  #抽取幸运之星
3  import random
```

程序控制结构

```
4    namelist = ['王东明','张帅阳','郝晴','潘盼盼','魏晓娟','孙清成','于胜',
5    '李丹','王文菲','高爽']
6    print(random.sample(namelist,3))
```

程序运行的一个随机结果如下：

```
['李丹', '王文菲', '魏晓娟']
```

【例 3-38】 猜数字游戏：程序随机生成 1～5 中的一个整数，参与游戏者输入猜想的数值，若猜中，则输出"猜中啦"；否则输出"不对哦"。

参考代码如下：

```
1    #E3 - 38.py
2    #猜数字游戏
3    import random
4    num = random.randint(1,5)
5    guess = int(input('请输入 1 - 5 中的整数:'))
6    print('答案是{},您猜的数字是{}'.format(num,guess))
7    if guess == num:
8        print('猜对啦')
9    else:
10       print('不对哦')
```

按要求输入一个整数，程序会生成一个待匹配的随机数，运行结果如下：

```
请输入 1 - 5 中的整数:3
答案是 2,您猜的数字是 3
不对哦
```

【例 3-39】 猜数字游戏升级版：程序随机生成 1～5 中的一个整数，参与游戏者输入猜想的数，若猜中，则输出"猜中啦"；否则输出"不对哦"。循环该过程，直到用户不想玩为止。

参考代码如下：

```
1    #E3 - 39.py
2    #循环猜数字游戏
3    import random
4    while True:
5        num = random.randint(1,5)
6        guess = int(input('请输入 1 - 5 中的整数:'))
7        print('答案是{},您猜的数字是{}'.format(num,guess))
8        if guess == num:
9            print('猜对啦')
10       else:
11           print('不对哦')
12       yn = input('接着玩按 y -- >')
13       if yn!= 'y'and yn!= 'Y':
14           break
```

这段代码将例 3-38 的程序嵌套到一个 while 恒真循环中，并添加了用户意愿交互，提升用户体验。根据提示依次输入 3、y、5、n，程序运行结果如下：

上机练习 3

说明：创建程序文件完成下列练习。

【题目1】 输入圆柱体的高(H)和底面半径(R),编程求解并输出圆柱体的体积(V)。

【题目2】 编程求解一元二次方程 $ax^2+bx+c=0$ 的两个根,要求输入 a、b、c 的值分别为 3、4、1。

【题目3】 用 turtle 绘制如下填充了 3 种颜色的圆形,圆的半径为 200,填充颜色分别为红色、黄色、蓝色,如图 3-13 所示。

提示：参照例 3-4 编写代码,并尝试完成如下问题:

(1) 更换本题中的颜色,并填充。

(2) 尝试在圆中填充 6 种或更多种的颜色。

【题目4】 输入一个数,如果该数大于 0,则输出其平方根。

【题目5】 输入一个字符,如果该字符是字母,则输出"用户输入的是字母"。

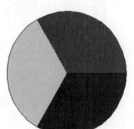

图 3-13 用 turtle 绘制
三原色圆

【题目6】 输入一个数,如果该数能被 3 和 7 整除,则输出"该数能同时被 3 和 7 整除"。

【题目7】 某运输公司的收费按照用户运送货物的路程进行计算,其运费折扣标准如表 3-4 所示。请编写程序:在输入路程后,计算运输公司的运费并输出。

表 3-4 运费折扣标准

路程/km	运费的折扣	路程/km	运费的折扣
s＜250	没有折扣	1000≤s＜2000	8％
250≤s＜500	2％	2000≤s＜3000	10％
500≤s＜1000	5％	s≥3000	15％

【题目8】 输入三个数,找出其中的最大数。

提示：首先,输入三个数并分别保存到变量 x、y、z 中。先假定第一个数是最大数,即将 x 赋值给 max 变量,然后将 max 分别和 y、z 比较,两次比较后,max 的值即为 x、y、z 中的最大数。

要求：用嵌套的 if 结构来实现。

【题目9】 计算 1～100 所有偶数的和。

【题目10】 计算 n!。

【题目11】 利用 for 循环逆时针绘制一个正方形,填充颜色为黄色,如图 3-14 所示。

程序控制结构

【**题目 12**】 从键盘输入若干个数,求所有正数的平均值。当输入 0 或负数时,程序结束。

提示:参照例 3-25。

【**题目 13**】 输入一个数 n,绘制 n 个如图 3-15 所示的圆,半径分别为 1×50、2×50、…、n×50。要求:分别用 for 和 while 两种循环结构来完成。

【**题目 14**】 利用 for 循环去掉字符串"ABCABCABC"中所有字母"C",并输出。

【**题目 15**】 用 while 改写题目 14。

【**题目 16**】 利用循环输出如图 3-16 所示的图形。

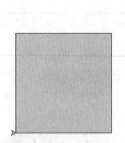

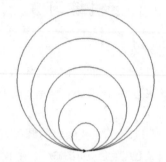

图 3-14　用 turtle 绘制正方形　　　图 3-15　用 turtle 绘制多个圆　　　图 3-16　由 * 号组成的图形

【**题目 17**】 请用异常处理改造如下程序,使其能够接收并处理用户的任何输入。

```
1  a = input("输入一个字符数据:")
2  n = int(input("输入一个整数:"))
3  for i in range(n):
4      print("序号为:{}{}".format(a, i))
```

【**题目 18**】 随机产生一个 1~10 内的整数。玩家竞猜,对玩家猜的数字进行判断,根据不同情况分别输出"猜对了""小了""大了"。

【**题目 19**】 用随机函数模拟扑克牌洗牌。

习　题　3

【**选择题**】

1. 关于 Python 程序文件的描述,错误的是(　　)。

    A. Python 程序文件的扩展名为.py

    B. Python 文件一般包括模块导入、函数定义和程序主体等几个部分

    C. Python 文件中必须包含注释部分

    D. 双击.py 文件不能打开 IDLE 的编辑窗口

2. 关于缩进,以下说法中错误的是(　　)。

    A. Python 程序对缩进有着严格的要求

    B. Python 可以使用 Tab 键缩进一级

    C. Python 可以使用 4 个空格缩进一级

    D. Python 可以使用 Insert 键缩进一级

3. 关于下面程序,说法正确的是(　　)。

```
1   import turtle
2   x = eval(input("输入一个整数:"))
3   if x % 2 == 0:
4       turtle. color("blue")
5   else:
6       turtle. color("red")
7   turtle.pensize(5)
8   turtle.begin_fill()
9   turtle.circle(100)
10  turtle.end_fill()
```

    A. 这段代码的结果是绘制一个圆环

    B. 绘制图形的线条颜色是黑色的

    C. 绘制图形的填充颜色是红色或蓝色

    D. 绘制圆形的半径是 110

4. 关于 Python 的分支结构,以下说法中正确的是(　　)。

    A. 分支结构分为单路分支、双路分支和多路分支

    B. 不能用双路分支语句改写多路分支语句

    C. 在多路分支结构中,只要条件满足,所有分支下的语句都会被执行

    D. 分支结构中不能嵌套其他分支结构

5. 对于语句 y="Yes" if guess==5 else "No",描述错误的是(　　)。

    A. 如果 guess 的值为 5,则 y 的值是"Yes"

    B. 如果 guess 的值为 15,则 y 的值是"No"

    C. 如果 guess 的值为 5,则 y 的值是"No"

    D. 如果 guess 的值为 -5,则 y 的值是"No"

6. 下面程序的运行结果是(　　)。

```
1   sum = 0
2   for i in range(2,101):
3       if i % 2 == 0:
4           sum += i
5       else:
6           sum -= i
7   print(sum)
```

    A. 49　　　　　　　　B. 50　　　　　　　　C. 51　　　　　　　　D. 52

7. 下面程序的运行结果是(　　)。

```
1   s = 'LNDX'
2   for i in s:
3       if i == 'N':
4           break
5       print(i)
```

    A. LNDX

  B. L
   N
   D
   X
  C. LN
  D. L

8. 关于下面程序,说法正确的是(   )。

```
1   num = 6
2
3   while True:
4       guess_num = int(input("guess_num:"))
5       if guess_num == num:
6           print("Right")
7           break
8       else:
9           print("Wrong")
```

  A. 该循环是一个死循环   B. 输入 6 时循环结束
  C. 输入"Right"时循环结束   D. 输入"Wrong"时循环结束

9. 以下说法中错误的是(   )。
  A. break 语句的作用是跳出循环
  B. continue 语句的作用是结束本次循环
  C. pass 语句的作用是忽略本次循环
  D. 循环语句可以和 break、continue 或 pass 语句一起使用

10. 关于 random 库,以下说法错误的是(   )。
  A. random 库中的大部分函数都基于 random()函数
  B. random 库是 Python 的一个第三方库
  C. shuffle()用于将序列的顺序重新随机排列
  D. sample()用于从序列中随机选取指定的多个元素组成新的序列

【填空题】

1. _____指每一行代码开始前的空白区域,用来表示代码之间的包含和层次关系。

2. 分支结构分为:_____结构、_____结构和_____结构。

3. 表达式'A' if 3>6 else ('B' if 5>2 else 'C')的值为_____。

4. 在循环语句中,_____语句的作用是跳出循环。

5. 执行循环语句 for i in range(2,8,2):print(i),循环体执行的次数是_____。

6. _____语句是空语句,不做任何事情,一般只用作占位。

7. _____就是分支内还有分支,循环内还有循环或者分支内有循环,循环内有分支等。

8. 程序执行时,如果除数为 0,会导致的异常类型为_____。

9. random 库包含两类函数,分别是_____函数和_____函数。

10. random 库中,_____函数的作用是初始化随机种子。

【判断题】

1. Python 代码的注释只能使用♯号。 （ ）

2. 程序的 3 种基本结构为：顺序结构、分支结构和循环结构。 （ ）

3. 多路分支可以用双路分支改写。 （ ）

4. 如果仅仅是用于控制循环次数，那么使用 for i in range(20)和 for i in range(20,40)的作用是等价的。 （ ）

5. 在循环中 continue 语句的作用是跳出循环。 （ ）

6. 对于带有 else 子句的 while 循环语句，如果是因为循环条件表达式不成立而自然结束循环，则执行 else 子句中的代码。 （ ）

7. 程序中异常处理结构在大多数情况下是没必要的。 （ ）

8. 在异常处理结构中，不论是否发生异常，finally 子句中的代码总是会执行的。

（ ）

9. 在 try…except…else 结构中，如果 try 中语句引发了异常则会执行 else 中的代码。

（ ）

10. randint(m,n)用来生成一个[m,n]区间上的随机整数。 （ ）

【简答题】

1. 简述 Python 程序的基本构成。

2. <条件表达式>的值在什么情况下为 False?

3. 简述 range()函数三个参数的作用。

4. 简述 break、continue 和 pass 语句的作用。

5. 简述异常的概念。

第4章 | 序 列

序列是程序设计中最基本的数据结构,它是一系列连续值,这些值通常是相关的,并且按照一定顺序排序。Python 提供了诸如字符串、列表(list)、元组(tuple)等功能强大、使用灵活的序列类型。

4.1 序列概述

序列类型的元素间存在顺序关系,可以通过索引和切片来访问。当需要访问序列中的某个元素时,只要找出其索引即可。

1. 序列索引

Python 中典型的序列类型如字符串、列表和元组,都可以使用相同的索引体系,即正向递增序号和反向递减序号,通过索引非常容易地查找序列中的元素。序列类型元素的索引如图 4-1 所示。

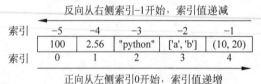

图 4-1 序列元素的索引

1) 正向索引

正向索引就是根据序列元素的正向递增序号进行标识,把最左侧序列元素的序号定义为 0,序号依次向右递增,用 0、1、2、3、…描述序列元素的位置。使用索引运算符“[ ]”引用序列中的一个或多个元素。如果图 4-1 所示序列为列表 ls,那么 ls[0]返回的值是元素 100,ls[1]返回的值是元素 2.56,……,ls[4]返回的值是元组元素(10,20)。

2) 反向索引

反向索引就是根据序列元素的反向递减序号进行标识,把最右侧序列元素的序号定义为 −1,序号依次向左递减,用 −1、−2、−3、−4、…描述序列元素的位置。如果图 4-1 所示序列为列表 ls,那么 ls[−1]返回的值是元组元素(10,20),ls[−2]返回的值是列表元素["a","b"],……,ls[−5]返回的值是元素 100。

2. 序列切片

序列切片操作可以在序列中提取部分元素返回得到一个新序列,其格式如下:varname[m:n:k]。其中,varname 为序列变量名,m 为切片开始的索引位置,n−1 为切片结束的索引位置,k 为切片步长。这里 m、n、k 可缺省,缺省 m 时默认值为 0,缺省 n 时默认值为序列的长度,缺省 k 时默认值为 1。需要注意的是,当 k 为正整数时,原则上 m 应小于或等于 n,表示正向切片;当 k 为负整数时,表示反向切片。如果图 4-1 所示的序列为列表 ls,那么 ls[0:4:2]返回的值是列表[100,"python"]。

4.2 字 符 串

字符串是由字符构成的有序序列。在 Python 中,字符串是常见的数据类型。本节详细介绍字符串概要、字符串的基本操作、字符串处理内置函数和方法等基础知识。

4.2.1 字符串概要

字符串是一组不可变且有序的序列,其主要用来表示文本信息。可以使用单引号、双引号、三引号作为定界符对字符串进行定义。定界符必须成对出现,并可以嵌套使用。

如果字符串中本身包含引号,此时就需要进行特殊处理。通常有两种方法:第一种方法是使用不同的引号作为定界符;第二种方法就是使用转义字符。

【例 4-1】 字符串表示和转义字符。

```
>>> print('I'm eva.')                      #定界符为单引号的字符串中含有单引号,出错
SyntaxError: invalid syntax
>>> print("I'm eva.")
I'm eva.
>>> print('I\'m eva.')                      #使用转义字符
I'm eva.
>>> print("c:\python\new\text.doc")        #部分内容发生转义
c:\python
ew  ext.doc
>>> print("c:\\python\\new\\text.doc")      #使用转义字符
c:\python\new\text.doc
>>> print(r"c:\python\new\text.doc")        #字符串的前面加上 r,不进行转义
c:\python\new\text.doc
```

转义字符是指在字符串中的某些特定的符号前加一个反斜线之后,该字符将被解释为另外一种含义。比如在例 4-1 中,语句 print('I\'m eva.')字符串中单引号用反斜线(\)引导,就是告诉 Python 这里的单引号不是定界符而是普通的字符引号,这就对特定的符号完成了转义。Python 中常见的转义字符如表 4-1 所示。

表 4-1 Python 中常见的转义字符

转义字符	描 述	转义字符	描 述
\	在行尾的续行符	\t	水平制表符
\'	单引号	\a	响铃
\"	双引号	\b	退格(Backspace)
\0	空	\\	反斜线
\n	换行符	\0dd	八进制数,如 \012 代表换行
\r	回车符	\xhh	十六进制数,如 \x0a 代表换行

如果想避免对字符串中的转义字符进行转义,可以使用原字符串描述的方法,其表示方法是在字符串的前面加上字母 r 或 R,则其中所有字符都表示原始含义不进行转义。

4.2.2 字符串的基本操作

除了前面介绍的"+"" * ""in"字符串运算符,Python 中还提供了其他的字符串运算操

作。由于 Python 字符串具有不可变有序特性,属于字符的有序集合,故字符元素往往可根据其在字符串中所处的位置来引用和访问,索引和切片就是常见的字符串处理基本操作。

有关序列索引和切片的基本概念在 4.1 节已做了基本介绍,下面通过两个例子来介绍字符索引和切片的具体应用。

【例 4-2】 字符索引。

```
>>> print("My name is Eva"[0], "My name is Eva"[-1])
M a
>>> print("My name is Eva"[14])                ♯索引越界
Traceback (most recent call last):
  File "<pyshell♯36>", line 1, in <module>
  print("My name is Eva"[14])
IndexError: string index out of range
>>> str1 = "My name is Eva"
>>> print(str1[1])
y
>>> print(str1[-14])
M
```

【例 4-3】 字符切片。

```
>>> sn = "0123456789"
>>> sn
'0123456789'
>>> sn[2:7]
'23456'
>>> sn[1:8:2]
'1357'
>>> sn[:5]
'01234'
>>> sn[-8:9]
'2345678'
>>> sn[::-1]
'9876543210'
>>> sn[-2::-3]
'852'
```

4.2.3 字符串处理内置函数

字符串函数操作是以字符串作为输入条件,经过处理后返回相应的值。Python 解释器提供了常见的字符串处理相关的内置函数,其调用形式为:函数名(参数),字符串处理内置函数见表 4-2。

表 4-2 字符串处理内置函数

函　　数	例　　子	值	描　　　述
len	len("中国 12ab")	6	字符串中字符数目
max	max("I am Eva")	'v'	字符串中最大字符
min	min("I am Eva")	' '	字符串中最小字符
chr	chr(20013)	'中'	Unicode 编码对应的单字符

函　　数	例　　子	值	描　　述
ord	ord("a")	97	单字符表示的 Unicode 编码
oct	oct(100)	'0o144'	整数转换为对应八进制字符串
hex	hex(100)	'0x64'	整数转换为对应十六进制字符串
bin	bin(10)	'0b1010'	整数转换为对应二进制字符串
str	str(100)	'100'	其他数据类型转换为字符串类型

len 函数的功能是返回字符串的长度,Python 3 以 Unicode 字符为计数基础,默认使用 UTF-8 编码格式,不论是一个数字、英文字符还是一个中文字符都记为一个长度单位,按一个字符对待和处理。

计算机内处理的字符都需要经过编码,表示为能被计算机识别的二进制数。Python 字符串中的每个字符都使用 Unicode 编码表示。Unicode 又称万国码,是计算机科学领域里的一项业界标准,包括字符集、编码方案等。

传统的经典编码是美国标准信息交换码(ASCII),针对英文字符设计,采用一字节对字符进行编码,最多只能表示 256 个符号。随着信息技术的发展,世界各国的文字字符都需要编码,而不同领域和平台对编码的需求有所不同,于是 Unicode 应运而生。它能够解决传统的字符编码方案的局限,为每种语言中的每个字符设定了统一并且唯一的二进制编码,以满足跨语言、跨平台进行文本转换、处理的要求。目前的 Unicode 字符分为 17 组编排,0x0000 至 0x10FFFF,每组称为平面,而每平面拥有 65536 个码位,共 1114112 个。UTF-8、UTF-16、UTF-32 都是将数字转换到程序数据的编码方案。

chr 和 ord 函数可以实现单字符和其 Unicode 编码的相互转换,它们互为一对反函数,即 chr(ord())、ord(chr()) 的结果为原来各自自变量的值,例如 chr(ord("a")) 的结果还是 "a",而 ord(chr(20013)) 的结果还是 20013。

【例 4-4】　编写加密小程序,熟悉 ord 和 chr 函数的实际应用。

```
1  ♯E4 - 4.py
2  words = input("请输入一句话: ")
3  new_words = ""
4  for w in words:
5      new_words += chr(ord(w) + 1)
6  print("new_words:", new_words)
```

程序运行结果如下:

```
请输入一句话: 我爱 Python
new_words: 戒爲 Qzuipo
```

4.2.4　字符串处理方法

字符串方法是对字符串进行处理的一个过程,由方法名称和用圆括号括起来的参数列表组成。方法需要结合特定的对象进行使用。Python 中,字符串对象有大量自己特定的方法,可用于查找、检测、排版、替换等操作。

调用字符串方法的表现形式如下:

```
<字符串>.<方法名>()
```

关于字符串调用方法说明如下。

- 调用方法使用点号(.)进行对象名和方法名的链接,后接圆括号()。
- 圆括号()中是方法参数,参数之间用逗号分隔。

需要说明的是,针对字符串修改、替换等操作方法返回的都是字符串的副本,对原字符串没有影响。如果想对原字符串进行修改,可用赋值语句。

字符串内置方法众多,这里对方法进行梳理,根据功能不同,把常用方法从转换、判断、查找、格式、连接与分隔等几个方面分类介绍。

1. 转换方法

常见的字符串大小写转换方法见表 4-3,其中 s＝"My name is Eva"。

表 4-3　常见的字符串大小写转换方法

方　　法	例　　子	值	描　　述
upper	s. upper()	'MY NAME IS EVA'	全部字符大写
lower	s. lower()	'my name is eva'	全部字符小写
swapcase	s. swapcase()	'mY NAME IS eVA'	字符大小写互换
capitalize	s. capitalize()	'My name is eva'	串首字符大写,其余小写
title	s. title()	'My Name Is Eva'	单词首字母大写,其余小写

2. 判断方法

常见的字符串判断方法见表 4-4,其中 s＝"123abc123abc"。

表 4-4　常见的字符串判断方法

方　　法	例　　子	值	描　　述
isalnum	s. isalnum()	True	全是字母或数字,返回 True,否则返回 False
isalpha	s. isalpha()	False	全是字母,返回 True,否则返回 False
isdigit	s. isdigit()	False	全是数字,返回 True,否则返回 False
islower	s. islower()	True	有区分大小写字符,且全是小写,返回 True,否则返回 False
isupper	s. isupper()	False	有区分大小写字符,且全是大写,返回 True,否则返回 False
istitle	s. istitle()	False	首字母为大写字母,返回 True,否则返回 False
isspace	s. isspace()	False	全是空白字符,返回 True,否则返回 False

【例 4-5】 统计字符串中大小写字母的数量。

```
1   #E4－5.py
2   s = input("请输入一个字符串: ")
3   count1,count2 = 0,0
4   for e in s:
5       if e.islower():            # if "a"< = e < = "z":
6           count1 += 1
7       if e.isupper():            # if "A"< = e < = "Z":
8           count2 += 1
9   print("这个字符串中小写字母的数量是",count1)
10  print("这个字符串中大写字母的数量是",count2)
```

程序运行结果如下:

【例 4-6】 统计字符串中最后一个数字字符的正向索引序号。

```
1   #E4-6.py
2   s = input("请输入一个字符串:")
3   i = len(s) - 1
4   while i >= 0:
5       if s[i].isdigit():
6           print("字符串中最后一个数字字符的正向索引是",i)
7           break
8       i -= 1
9   else:
10      print("字符串中没有数字字符")
```

程序运行结果如下:

请输入一个字符串:Eva 是红旗小学 4 年级 5 班的小学生。
字符串中最后一个数字字符的正向索引是 11

请输入一个字符串:Eva 是红旗小学四年级五班的小学生。
字符串中没有数字字符

3. 查找方法

常见的字符串查找方法见表 4-5,其中 s＝"123,abc,123,abc"。

表 4-5　常见的字符串查找方法

方　　法	例　　子	结　　果	描　　述
find	s.find("123",1,7)	−1	范围内查找子串,返回首次出现的位置,若找不到则返回−1
	s.find("ab")	4	
rfind	s.rfind("23",1,13)	9	范围内查找子串,返回末次出现位置,若找不到则返回−1
	s.rfind("ab")	12	
index	s.index("123",1,7)	出错	范围内查找子串,返回首次出现位置,若找不到则报错
	s.index("123")	0	
count	s.count(",")	3	返回子串在字符串中出现的次数
	s.count("234")	0	
replace	s.replace("123","456")	'456,abc,456,abc'	查找子串并在次数范围内用指定字符串替代,返回新串
	s.replace("a","4",1)	'123,4bc,123,abc'	
startswith	s.startswith("12")	True	如果范围内字符串以指定子串开始,则返回 True,否则返回 False
	s.startswith("12",9)	False	
endswith	s.endswith("3",1,11)	True	如果范围内字符串以指定子串结束,则返回 True,否则返回 False
	s.endswith("23")	False	

4. 格式方法

常见的字符串格式方法见表 4-6,其中 s＝"123"。

第 4 章

序列

表 4-6　常见的字符串格式方法

方　　法	描　　述
center	返回指定长度的居中对齐字符串副本
ljust	返回指定长度的左对齐字符串副本
rjust	返回指定长度的右对齐字符串副本
zfill	返回指定宽度,字符串不足左侧用 0 补位
strip	删除两边空白字符或指定字符
lstrip	删除左边空白字符或指定字符
rstrip	删除右边空白字符或指定字符

【例 4-7】　字符格式方法。

```
>>> s = " 123 "
>>> s.center(5)
' 123 '
>>> s.center(10,"*")
'** 123 ***'
>>> s.center(3)
' 123 '
>>> s.rjust(10,"*")
'***** 123 '
>>> s.ljust(10,"#")
' 123 #####'
>>> s.zfill(10)
'00000 123 '
>>> s.strip()
'123'
>>> s.lstrip()
'123 '
>>> s.rstrip()
' 123'
>>> s = "  123 123  "
>>> s.strip()
'123 123'
>>> s.strip(" 13")    #去掉字符串外侧指定字符,包括空格、1、3
'23 12'
```

5. 连接与分隔方法

常见的字符串连接与分隔方法见表 4-7。

表 4-7　常见的字符串连接与分隔方法

方　　法	描　　述
join	将列表的多个字符串连接,并在相邻两个字符串之间插入指定字符
split	以指定字符为分隔符,将字符串分隔成多个字符串,返回包含分隔结果的列表

【例 4-8】　字符连接与分隔方法。

```
>>> "#".join(["I","love","python"])
'I#love#python'
>>> " ".join(["I","love","python"])          #以空格连接列表的多个字符串
'I love python'
```

```
>>> "I#love#python".split("#")
['I', 'love', 'python']
>>> "I#love#python".split("#",1)                    #以"#"作为分隔符,分隔1次
['I', 'love#python']
>>> "I#love#python".split("love")                   #以"love"作为分隔符分隔字符串
['I#', '#python']
>>> "I love python".split()                          #无指定分隔符,以空白字符分隔字符串
['I', 'love', 'python']
>>> "I\nlove\tpython".split()                        #空格,\r,\t,\n均属于空白字符
['I', 'love', 'python']
```

【例 4-9】 利用连接与分隔方法更改日期格式。

```
1   #E4-9.py
2   words = "中华人民共和国成立时间为1949/10/1"
3   lst = words.split("/")
4   newwords = "-".join(lst)
5   print(newwords)
```

程序运行结果如下:

中华人民共和国成立时间为1949-10-1

4.2.5 字符串格式化输出

Python 提供了功能非常强大的 format 字符串格式化方法。该方法使用字符串模板,不仅接收任意多个替换值参数,还可以使用格式控制标记精确控制参数显示格式。

调用字符串格式化 format 方法的表现形式如下:

<字符串模板>.format(<逗号分隔的参数>)

关于 format 调用方法说明如下:

- <字符串模板>用来控制替换值参数出现的位置,替换位置用{}表示。
- <逗号分隔的参数>是要依次或按指定序号替换字符串模板中的{}。
- format()方法的功能是用逗号分隔的参数按照序号替换字符串模板中的{},调用后返回一个新的字符串。

需要说明的是,format 参数编号从 0 开始;如果字符串模板中的{}内没有序号,则按照顺序依次替换参数;如果{}中指定了替换值参数的序号,则按照序号替换。

【例 4-10】 format 方法按位或序号匹配参数。

```
>>> "my {} is {}".format("name","eva")
'my name is eva'
>>> "my {0} is {1},{1} is six old".format("name","eva")
'my name is eva,eva is six old'
>>> "my {1} is {0}".format("name","eva")
'my eva is name'
>>> "{}{}".format("her age is ",6)              #实现字符串和数字的连接
'her age is 6'
```

format()方法的按位或序号匹配参数输出格式基本可满足各种需求,但如果需要更加精准的格式化样式,可以通过对<字符串模板>的{}设置格式控制标记实现。{}除了包括参数序号,还可以包括格式控制标记。

format()方法格式控制信息的组成如下:

{<参数序号>: <格式控制标记>}

其中,格式控制标记用来控制参数显示时的格式。格式控制标记包括:<填充><对齐><宽度><,><. 精度><类型> 6 个字段,这些字段都是可选的,可以组合使用,如图 4-2 所示。

:	<填充>	<对齐>	<宽度>	<, >	<.精度>	<类型>
引导符号	用于填充的单个字符,默认为空格	<左对齐 >右对齐 ^居中对齐	设置输出宽度	数字的千位分隔符	浮点数小数位数	整数类型 b.c.d.e.x.X 浮点数类型 e.E.f.%

图 4-2　格式控制方法信息的组成

通常,对于字符串类型,格式控制信息使用主要包括<填充><对齐>及替代值参数输出<宽度>控制标记。<宽度>是指替换参数输出字符的宽度,如果参数长度比<宽度>设定值大,则按照参数实际长度输出。如果参数实际位数小于指定宽度,则按指定对齐方式填充。<填充>字符默认为空格,也可以指定其他字符。<对齐>指参数在<宽度>内输出时的对齐方式,分别使用<、>和^三个符号表示左对齐、右对齐和居中对齐。

<,>是为输出参数插入千位分隔符。而<. 精度><类型>主要是针对整数和浮点数的控制格式标记。<. 精度>由小数点(.)开头。对于浮点数,精度表示小数部分输出的有效位数。对于字符串,精度表示输出的最大长度。小数点可以理解为对数值的有效截断。<类型>表示输出整数和浮点数类型的格式规则,常见类型格式标记如表 4-8 所示。

表 4-8　类型格式标记

	整数类型格式字符及说明		浮点数类型格式字符及说明
b	整数二进制方式	e	浮点数对应 e 的指数形式
c	整数对应 Unicode 字符	E	浮点数对应 E 的指数形式
d	整数十进制方式	f	浮点数的标准浮点形式
o	整数八进制方式	%	浮点数的百分形式
x	整数小写十六进制方式		
X	整数大写十六进制方式		

【例 4-11】　浮点数 format 格式化方法。

```
>>> "{:.2f}".format(12345.6789)
'12345.68'
>>> "{:,.2f}".format(12345.6789)
'12,345.68'
>>> "{:^20,.2f}".format(12345.6789)
'     12,345.68      '
>>> "{: * ^20,.2f}".format(12345.6789)
'*****12,345.68******'
>>> "{: +.3f}".format(12345.6789)          # "+"字符符号,必须输出符号'+12345.679'
>>> "{: +.3f}".format( - 12345.6789)
```

```
'-12345.679'
>>> "{:+20.3f}".format(-12345.6789)
'           -12345.679'
>>> "{:=20.3f}".format(-12345.6789)              #"="表示在符号和数字间填充
'-           12345.679'
>>> "{:.2%}".format(12345.6789)
'1234567.89%'
>>> "{:#>20.2e}".format(12345.6789)
'##########1.23e+04'
```

【例4-12】 format 方法数制转换格式化。

```
>>> "{0:b} {0:d} {0:o} {0:x} {0:X}".format(12345)
'11000000111001 12345 30071 3039 3039'
>>> "{0:#b} {0:#d} {0:#o} {0:#x} {0:#X}".format(12345)
'0b11000000111001 12345 0o30071 0x3039 0X3039'
```

注意： "#＋进制标志"表示将数值转换成相应进制，并分别以 0b、0d、0o 等对应形式开头。

【例4-13】 下面输出的是前三名同学的成绩排名。

```
1  #E4-13.py
2  print("{0:*^30}".format("score ranking"))
3  print("{0:<5}{1:^20}{2:>5}".format("id","name","score"))
4  print("{0:<5}{1:^20}{2:>5}".format(1,"eva",100))
5  print("{0:<5}{1:^20}{2:>5}".format(2,"coco",98))
6  print("{0:<5}{1:^20}{2:>5}".format(3,"fanny",95))
```

程序运行结果如下：

```
********score ranking*********
id        name        score
1          eva          100
2          coco          98
3         fanny          95
```

4.3 列　　表

4.3.1 列表的概念

列表(list)是包含 0 个或多个对象引用的有序序列，它是 Python 中内置的可变序列。在形式上，列表的所有元素都放在一对"[ ]"中表示一组数据，两个相邻元素间用逗号","分隔。比如：

```
favourite_fruits = ["apple", "banana","pear","peach"]
luck_numbers = [7,3,12,36,[9,11]]
friends = ["王芳",18, "李想",17, "张小若",19]
```

列表的长度和内容都是可变的，列表可以包含 Python 能存储的任何类型的数据，其中包括数字、字符串、对象等，甚至可以包含其他列表。但是并不要求列表中的元素是同种类型，也就是说，一个列表中可以同时包含不同类型的元素。

4.3.2 列表的基本操作

列表非常灵活，它具有处理任意长度、混合类型数据的能力，并提供了丰富的基础操作符和方法，可以向列表中修改、追加、插入、删除和替换列表中的元素。

1. 创建列表

在 Python 中提供了多种创建列表的方法，例如：

```
>>> list1 = [ ]                    ＃创建空列表
>>> list2 = [98,80,75,90,65,82]    ＃创建数值列表
>>> list3 = [x for x in range(5)]  ＃用列表解析创建列表[0, 1, 2, 3, 4]
```

此外，还可以通过 list() 函数直接将 range() 对象、字符串、元组或者其他可迭代类型的数据转换为列表，例如：

```
>>> list4 = list(range(10, 20, 2))     ＃转换后的列表为[10, 12, 14, 16, 18]
>>> list5 = list(('h', 'e', 'l', 'l', 'o'))   ＃转换后的列表为['h', 'e', 'l', 'l', 'o']
>>> list6 = [x for x in range(5)]      ＃转换后的列表为[0, 1,2, 3, 4]
```

2. 访问列表元素与列表切片

在 Python 中，通过列表中元素的位置（索引值）可以直接获取列表中的某个元素。

```
>>> animals = ["cat","dog","monkey","horse","spider","frog"]
>>> animals[0]                         ＃返回列表的第一个元素
'cat'
>>> animals[len(animals) − 1]          ＃返回列表的最后一个元素
'frog'
>>> animals[ − 1]                      ＃返回列表的最后一个元素
'frog'
```

列表切片是访问列表中元素的另一种方法，它可以访问一定范围内的元素。例如在下面的例子中，animals[3:]表示返回索引值为 3 的元素到列表中最后一个元素的所有元素组成的列表；animals[1:3]表示返回索引值为 1 到索引值为 3（不包含）的元素组成的列表；animals[:] 或 animals[::] 表示返回原列表的副本。

```
>>> animals[3:]
['horse', 'spider', 'frog']
>>> animals[1:3]
['dog', 'monkey']
>>> animals[:]
['cat', 'dog', 'monkey', 'horse', 'spider', 'frog']
```

【例 4-14】 新建程序文件 E4-14. py，输入一个包含多名学生姓名和年龄的字符串（姓名和年龄用","分隔），输出只包含姓名的列表。

问题分析：首先输入由多名学生姓名和年龄组成的字符串，如"王小海,18,李飞飞,19,张云天,19,赵朵朵,20"，然后将该字符串用 split 函数转换成列表，最后通过列表切片获取只包含学生姓名的列表。

```
1   #E4 - 14.py
2   s = input("请输入姓名和年龄(用,分隔):")
3   ls = s.split(",")
4   print(ls[::2])
```

程序运行结果如下:

```
['王小海','李飞飞','张云天','赵朵朵']
```

【例 4-15】 输出一周每日的学习计划。

分析:此处结合 datetime 完成输出。datetime 是 Python 的内置模块,广泛应用于日期和时间的处理。首先导入 datetime,然后定义一个包含 7 个元素的列表,每个元素的内容为每日的学习计划。再获取当前的星期,最后将当前的星期作为列表的索引,输出该日的学习计划。

```
>>> import datetime                        #导入日期时间类
>>> #定义一个列表
>>> plan = ["今天星期一:\n 读《史记》","今天星期二:\n 练口语",
        "今天星期三:\n 写读书笔记","今天星期四:\n 学慕课",
        "今天星期五:\n 学 Python","今天星期六:\n 学打羽毛球",
        "今天星期日:\n 品《三国》"]
>>> day = datetime.datetime.now().weekday()    #获取当前星期
>>> print(plan[day])                       #输出每日学习计划
今天星期三:
写读书笔记
```

说明:在上面代码中,datetime.datetime.now()方法用于获取当前日期,而 weekday()方法是从日期时间对象中获取星期,其返回值为 0~6 中的一个值,0 代表星期一,1 代表星期二,以此类推。

3. 遍历列表

在实际应用中,经常要遍历列表中的所有元素,在 Python 中,遍历列表的方法有多种,下面介绍两种常用的方法。

1) for 循环实现遍历列表

用 for 循环实现遍历和输出列表,语法格式如下所示:

格式 1:

```
for <元素> in <列表>:
    print(<元素>)
```

格式 2:

```
for <索引> in range(<列表长度>):
    print(<列表[索引]>)
```

【例 4-16】 定义一个保存世界人口数量前六位国家的列表,然后通过 for 循环遍历该列表,并输出各个国家的名称。

```
>>> country = ['中国','印度','美国','印度尼西亚','巴西','巴基斯坦']
>>> for item in country:
        print(item)
中国
印度
```

```
美国
印度尼西亚
巴西
巴基斯坦
>>> for i in range(len(country)):
        print(country[i])
中国
印度
美国
印度尼西亚
巴西
巴基斯坦
```

2) for 循环和 enumerate()函数实现遍历列表

使用 for 循环和 enumerate()函数可以实现同时输出列表的索引值和元素,语法格式如下:

```
for <索引值> ,<元素> in enumerate(<列表>):
    print(<索引值>,<元素>)
```

注:enumerate(iterable,start=0)函数为 Python 的内置函数,其中,iterable 是一个可迭代对象,start 表示索引起始值。该函数用于将一个可迭代的数据对象(如列表、元组或字符串)组合为一个索引序列,同时列出数据和数据下标,一般用在 for 循环当中。

【例 4-17】 对于例 4-16 创建的列表,通过 for 循环和 enumerate()函数遍历该列表,并输出排名和对应的国家名称。

```
>>> country = ['中国','印度','美国','印度尼西亚','巴西','巴基斯坦']
>>> for index,item in enumerate(country):
        print(index + 1,item)
1 中国
2 印度
3 美国
4 印度尼西亚
5 巴西
6 巴基斯坦
```

4. 向列表追加、插入、修改和删除元素

除上面的操作外,列表还有一些特有方法,用来对列表进行追加、插入、修改、删除、排序和反转等操作(如表 4-9 所示),其中,list1、list2 为两个列表,i、j 是列表的索引。

表 4-9　列表常用的函数或方法

函数或方法	说　　明
list1. append(x)	在列表 list1 末尾增加一个元素 x
list1. extend(list2)	在列表 list1 末尾增加列表 list2 中的元素,list2 还可以是字符串、元组、集合及 range()对象等
list1. insert(i,x)	在列表 list1 的第 i 索引位置增加元素 x
list1. remove(x)	删除列表 list1 中出现的第一个 x 元素
list1. pop(i)	返回列表 list1 中的第 i 索引位置元素并删除该元素,若省略参数 i 则返回列表 list1 中最后一个元素并删除该元素

函数或方法	说　明
del list1[i]	删除列表 list1 的第 i 索引位置的元素
del list1[i:j:k]	删除列表 list1 第 i 到第 j(不包含)索引位置以 k 为步长的元素
list1. reverse()	将列表 list1 中的元素反转
list1. sort(key = None, reverse = False)	若省略参数,则对列表 list1 中的元素按升序排序;若参数 key=len,则按元素的长度排序;若参数 reverse=True,则按降序排序
list1. clear()	删除列表 list1 中的所有元素
list1. copy()	复制生成一个包括 list1 中所有元素的新列表

【例 4-18】　对列表进行如下基本操作。

(1) 增加列表元素。

```
>>> list1 = ['Python',200]
>>> list1.append(['abc',10])      #将['abc',10]整体作为一个元素追加到 list1 末尾
>>> list1
['Python', 200, ['abc', 10]]
>>> list1.extend(['Java',200])    #将['Java',200]中的元素作为单独元素追加到列表 list1 末尾
>>> list1
['Python', 200, ['abc', 10], 'Java', 200]
>>> list1.insert(2,'C#')          #在 list1 索引值为 2 的位置增加元素'C#'
['Python', 200, 'C#', ['abc', 10], 'Java', 200]
```

要特别注意的是,列表的 append()方法是将参数整体作为一个元素追加到列表尾部,而 extend()方法是将参数中的每个元素作为单独元素追加到列表尾部。

(2) 删除列表中元素。

```
>>> del list1[3]              #删除 list1 中索引值为 3 的元素
>>> list1
['Python', 200, 'C#', 'Java', 200]
>>> list1.remove(200)        #删除 list1 中第一个元素值为 200 的元素
>>> list1
['Python', 'C#', 'Java', 200]
>>> list1.pop(1)             #返回 list1 中索引值为 1 的元素并删除该元素
'C#'
>>> list1
['Python', 'Java', 200]
>>> list1.pop()             #返回 list1 中最后一个元素并删除该元素
200
>>> list1
['Python', 'Java']
>>> list1.clear()            #清空列表
>>> list1
[]
```

(3) 改变列表元素的顺序。

```
>>> list1 = ["Monday","Tuesday","Wednesday","Thursday","Friday","Saturday","Sunday"]
>>> list1.reverse()              #将 list1 中的元素反转
>>> list1
```

```
['Sunday', 'Saturday', 'Friday', 'Thursday', 'Wednesday', 'Tuesday', 'Monday']
>>> list1.sort()                    #将 list1 中元素按默认的升序排序
>>> list1
['Friday', 'Monday', 'Saturday', 'Sunday', 'Thursday', 'Tuesday', 'Wednesday']
>>> list1.sort(reverse = True)      #将 list1 中元素按降序排序
>>> list1
['Wednesday', 'Tuesday', 'Thursday', 'Sunday', 'Saturday', 'Monday', 'Friday']
>>> list1.sort(key = len)           #将 list1 中元素按长度的升序排序
>>> list1
['Friday', 'Monday', 'Sunday', 'Tuesday', 'Saturday', 'Thursday', 'Wednesday']
```

(4) 复制列表。

```
>>> list1 = ['Python', 200, 'and', 'abc']
>>> list2 = list1.copy()            #复制列表 list1 生成一个新的列表 list2
>>> list3 = list1
>>> list1.clear()                   #删除列表 list1 中的所有元素
>>> print('list1:',list1,'\n', 'list2:',list2,'\n', 'list3:',list3,'\n')
list1: []
list2: ['Python', 200, 'and', 'abc']
list3: []
```

由例 4-18 可看出,列表 list1 使用 list1.copy()方法复制后赋值给新列表变量 list2,而直接赋值 list3=list1 的方法不能产生新列表,只是为列表 list1 增加一个新的别名或引用。

同时要注意的是,列表的 copy()方法属于浅拷贝,浅拷贝可以简单理解为只复制父对象(一级元素)不复制内部子对象。由下面代码可以看出,由于浅拷贝只复制了一级元素,所以 list4 的副本 list5 可以自由修改 list5[0]值不会影响到 list4[0],而由于没有复制二级元素,所以 list5[2][1]是对同一对象的引用,因此修改 list5[2][1]的值 list4[2][1]也会随之改变。

```
>>> list4 = [10,20,[30,40]]
>>> list5 = list4.copy()
>>> list5
[10, 20, [30, 40]]
>>> list5[0],list5[2][1] = 25,25
>>> list5
[25, 20, [30, 25]]
>>> list4
[10, 20, [30, 25]]
```

【例 4-19】 对于例 4-17 创建的列表,在列表末尾增加尼日利亚、孟加拉国、俄罗斯和墨西哥,使其显示世界人口排名前十的国家。然后将墨西哥从列表中删除,并将列表的国家按人口数量的升序显示。

```
>>> country = ['中国','印度','美国','印度尼西亚','巴西','巴基斯坦']
>>> country.extend(['尼日利亚','孟加拉国','俄罗斯','墨西哥'])
>>> country.pop()
>>> country.reverse()
>>> print(country)
['俄罗斯', '孟加拉国', '尼日利亚', '巴基斯坦', '巴西', '印度尼西亚', '美国', '印度', '中国']
```

【例 4-20】 新建程序文件 E4-20.py,生成一个包含 10 个不同随机整数(1~50)的列表,输出该列表,并输出列表中的最大值和最小值。

方法 1：

```
1  #E4 - 20.py
2  import random
3  ls = []
4  while len(ls)< 10:
5      rand = random.randint(1,50)
6      if  rand not in ls:
7          ls.append(rand)
8  print(ls)
9  maxValue = minValue = ls[0]
10 for item in ls:
11    if  item > maxValue:
12        maxValue = item
13    elif  item < minValue:
14        minValue = item
15 print("列表最大值是:",maxValue)
16 print("列表最小值是:",minValue)
```

方法 2：

```
1  #E4 - 20.py
2  import random
3  ls = []
4  while len(ls)< 10:
5      rand = random.randint(1,50)
6      if  rand not in ls:
7          · ls.append(rand)
8  print(ls)
9  ls.sort()
10 print("列表最小值是:",ls[0])
11 print("列表最大值是:",ls[-1])
```

程序运行结果(该结果随机)如下：

```
[5, 7, 42, 8, 19, 21, 17, 10, 41, 32]
列表最小值是: 5
列表最大值是: 42
```

从中可以看出,对于生成的随机整数列表,方法 1 使用了将列表 ls[0]设为初始的最大值与最小值,然后遍历列表将其他元素与当前的最大值、最小值进行比较来获得最终列表中的最大值与最小值。方法 2 使用了 sort()方法对列表进行排序,通过索引 ls[0]、ls[-1]分别获得列表的最小值与最大值。

【例 4-21】 新建程序文件 E4-21.py。某校将举办羽毛球赛,共有 8 支球队参赛,现通过随机分配的方式,将 8 支球队随机分成 2 组,每组 4 支球队。

```
1  #E4 - 21.py
2  import random
3  ls = ["A1","A2","A3","A4","A5","A6","A7","A8"]
```

```
4   groups = [[],[]]
5   for j in range(2):
6       for i in range(4):
7           index = random.randint(0,len(ls) - 1)
8           groups[j].append(ls.pop(index))
9   print(groups)
```

程序运行结果（该结果随机）如下：

```
[['A6','A2','A1','A3'],['A5','A4','A8','A7']]
```

5. 对列表进行统计和计算

Python 的列表提供了内置的一些函数来实现统计、计算的功能，如表 4-10 所示。

表 4-10   列表常用的统计和计算函数

函　　　数	说　　　明
list1. count(x)	返回元素 x 在列表 list1 中的出现次数
list1. index(x)	返回元素 x 在列表 list1 中首次出现的索引位置
sum(list1)	统计数值列表 list1 中各元素的和
len(list1)	返回列表 list1 的长度
max(list1)	返回列表 list1 中元素的最大值
min(list1)	返回列表 list1 中元素的最小值

【例 4-22】 新建程序文件 E4-22.py，定义一个保存 10 名学生计算机课成绩的列表，统计出 10 名学生的平均成绩，并统计计算机课成绩是 100 分的人数。

```
1   #E4 - 22.py
2   sc = [90,78,100,92,86,100,79,83,62,93]
3   print("平均成绩为:")
4   print(sum(sc)/len(sc))
5   print("得 100 分的人数为:")
6   print(sc.count(100))
```

程序运行结果如下：

```
平均成绩为:
86.3
得 100 分的人数为:
2
```

【例 4-23】 新建程序文件 E4-23.py，用本节列表的统计和计算函数改写例 4-20，输出列表中的最大值与最小值，并输出其在列表中的索引。

```
1   #E4 - 23.py
2   import random
3   ls = []
4   while len(ls)< 10:
5       rand = random.randint(1,50)
6       if rand not in ls:
7           ls.append(rand)
```

```
8   print(ls)
9   m1 = max(ls)
10  m2 = min(ls)
11  print("最大值是:{},其在列表中的索引是:{}".format(m1,ls.index(m1)))
12  print("最小值是:{},其在列表中的索引是:{}".format(m2,ls.index(m2)))
```

程序运行结果(该结果随机)如下:

```
[24, 14, 46, 41, 43, 18, 33, 1, 28, 22]
最大值是:46,其在列表中的索引是:2
最小值是:1,其在列表中的索引是:7
```

【例 4-24】 新建程序文件 E4-24.py,输入一组数据(以逗号分隔),输出这组数据的最大值、最小值,并按从小到大的顺序排序。

方法 1:

```
1   # E4 - 24.py
2   ls1 = list(eval(input("请输入一组数据,以逗号(,)分隔:")))
3   maxValue = max(ls1)
4   minValue = min(ls1)
5   ls1.sort()
6   print("最大值为:",maxValue)
7   print("最小值为:",minValue)
8   print("排序后的列表为:",ls1)
```

方法 2:

```
1   # E4 - 24.py
2   ls1 = input("请输入一组数据,以逗号(,)分隔:").split(",")
3   ls2 = []
4   for item in ls1:
5           ls2.append(eval(item))
6   maxValue = max(ls2)
7   minValue = min(ls2)
8   ls2.sort()
9   print("最大值为:",maxValue)
10  print("最小值为:",minValue)
11  print("排序后的列表为:",ls2)
```

程序运行结果如下:

```
请输入一组数据,以逗号(,)分隔:23,78,7,98,45
最大值为: 98
最小值为: 7
排序后的列表为: [7, 23, 45, 78, 98]
```

本例题与例 4-20 及例 4-23 有相似的地方,只不过要比较最大值与最小值的数据不是随机整数构成的列表,而是由用户输入的一组以逗号分隔的字符串,因此需要将输入的字符串转换为列表,然后再用列表统计与计算函数求最大值与最小值。

4.4 元　　组

4.4.1 元组的概念

元组(tuple)是 Python 中另一个重要的序列结构，它是包含零个或多个元素的不可变序列类型。元组与列表的区别在于元组的元素不能修改，也就是说，可以任意修改、插入或删除列表中的元素，而对于元组来说这些操作是不可行的。元组只可以被访问，不能被修改。在形式上，元组的所有元素都放在一对"()"中，两个相邻元素间使用","分隔。例如：tuple1＝(10,20,30)。要特别注意的是，若元组中只有一个元素，需用如 tuple2＝(40,)表示该元组，不能省略 40 后面的逗号。

4.4.2 元组的基本操作

与列表相似，元组的基本操作包括创建元组、访问元组元素、元组切片操作等。此外，表 4-10 中列表常用的统计和计算函数同样适用于元组，也可以使用 for 循环遍历元组(在此不再赘述)。

【例 4-25】 对元组进行如下基本操作。

```
>>> num = (2,6,8,12,35,68,96)                    #创建元组
>>> poets = ('李白','杜甫','白居易','王维','苏轼')      #创建元组
>>> tup = ("屠呦呦",85,["诺贝尔奖","青蒿素"])          #创建元组
>>> #创建包括一个元素的元组,若省略',',则表示定义一个字符串
>>> name = ("Mary",)
>>> #创建一个 1 - 10 内(不包括 10)所有奇数组成的元组
>>> t1 = tuple(range(1,10,2))
>>> #输出元组 poets 第 0 个索引位置元素的值
>>> poets([0])
'李白'
>>> poets[1:3]
('杜甫', '白居易')
>>> tup2 = num + name                            #将两个元组组合为一个新的元组
(2,6,8,12,35,68,96, "Mary")
>>> tup[1] = "中国"                               #修改元组中某一元素的值
TypeError: 'tuple' object does not support item assignment
```

【例 4-26】 新建程序文件 E4-26.py，定义一个元组，a＝("Where","there","is","a","will","there","is","a"," way")，输出该元组中最长的单词。

```
1   #E4 - 26.py
2   a = ("Where", "there", "is", "a", "will", "there", "is", "a", "way")
3   maxLen = 0
4   ls = []
5   for item in a:
6      if len(item)> maxLen:
7         maxLen = len(item)
8   for item in a:
9      if len(item) == maxLen and item not in ls:
10         ls.append(item)
11  print("最长的单词是{}".format(ls))
```

程序运行结果如下：

最长的单词是['Where', 'there']

遍历元组 a，记录最长单词的长度 maxLen，再次遍历元组 a，将其中单词长度为
maxLen，并且不在列表 ls 中的元素追加到 ls 中，最后输出 ls 即是元组中长度最大的单词组
成的列表。

4.4.3 列表与元组的转换

Python 中，列表与元组可以互相转换。内置函数 tuple(<列表>)可以将一个列表作为
参数转换成包含同样元素的元组；同样，list(<元组>)可以将一个元组作为参数转换成包含
同样元素的列表。例如：

```
>>> list1 = [10,20,30,40,50]
>>> tuple(list1)
(10,20,30,40,50)
>>> type(list1)                      #查看调用函数 tuple()后 list1 的类型
<class 'list'>                       #list1 类型是列表并没有改变
>>> tup1 = ("Hello","World","!")
>>> list(tup1)
['Hello', 'World', '!']
>>> type(tup1)                       #查看调用函数 list()后 tup1 的类型
<class 'tuple'>                      #tup1 类型是元组并没有改变
```

4.4.4 元组与列表的区别

元组和列表都属于序列，而且它们都可以按特定顺序存放一组数据元素，这些数据元素
的类型不受限制，只要是 Python 支持的类型都可以。那么它们之间有什么区别呢？

（1）列表属于可变序列，它的元素可以随时修改或者删除；元组属于不可变序列，其中
的元素不可以修改。

（2）列表可以使用 append()、extend()、insert()、remove()和 pop()等方法实现添加和
修改列表元素，而元组没有这几个方法，所以不能向元组中添加、修改或删除元素。

（3）元组比列表的访问和处理速度快，所以当只需要对其中的元素进行访问，而不进行
任何修改时，建议使用元组。

（4）列表不能作为字典的键，而元组则可以。

4.5　jieba 库

4.5.1　jieba 库简介

在自然语言处理技术中，中文分词是其他中文信息处理的基础，比如搜索引擎、机器翻
译（MT）、语音合成、自动分类、自动摘要、自动校对等，都需要用到分词。jieba 是 Python 中
一个重要的第三方中文分词库，具有分词、添加用户词典、提取关键词和词性标注等功能。

由于英文文本中单词之间用空格分隔，如果希望提取其中的单词，只需要使用字符串处

105

第4章

序列

理的 split()方法进行分词即可。例如：

```
>>> str1 = "I like Python"
>>> str1.split()
['I', 'like', 'Python']
```

但是，对于一段中文文本，例如"我们意气风发走进新时代"，由于中文的词与词间缺少分隔符，获取中文分词将十分困难，因此需要借助第三方库如 jieba 实现对中文文本的分词、提取关键词等操作。例如：

```
>>> import jieba
>>> jieba.lcut("我们意气风发走进新时代")
['我们', '意气风发', '走进', '新', '时代']
```

jieba 库的分词原理是利用一个中文词库，将待分词的内容与分词词库进行比对，通过图结构和动态规划方法找到最大概率的词组。它支持以下 3 种分词模式。

（1）精确模式：试图将句子最精确地切开，适合文本分析。

（2）全模式：把句子中所有可以成词的词语都扫描出来，速度快，但是不能解决歧义问题。

（3）搜索引擎模式：在精确模式的基础上，对长词再次切分，提高召回率，适用于搜索引擎分词。

需要注意的是，jieba 库是第三方库，因此需要在命令提示符状态下通过"pip install jieba"命令进行安装，具体安装方法参见第 8.1 节。

4.5.2 jieba 库分词函数

jieba 库主要提供分词功能，可以辅助自定义分词词典。jieba 库中包含的常用分词函数如表 4-11 所示。

表 4-11   jieba 库常用分词函数

函　　数	说　　明
jieba.cut(s)	精确模式，返回一个可迭代的数据类型，可以通过 for 循环来取里面的每一个词
jieba.cut(s,cut_all=True)	全模式，输出文本 s 中所有可能的单词
jieba.cut_for_search (s)	搜索引擎模式，适合搜索引擎建立索引的分词结果
jieba.lcut(s)	精确模式，返回一个列表类型
jieba.lcut(s,cut_all=True)	全模式，返回一个列表类型
jieba.lcut_for_search (s)	搜索引擎模式，返回一个列表类型

【例 4-27】 jieba 库的分词基本应用。

```
>>> import jieba
>>> str2 = "AlphaGo 是第一个战胜围棋世界冠军的人工智能机器人"
>>> jieba.lcut(str2)
['AlphaGo', '是', '第一个', '战胜', '围棋', '世界冠军', '的', '人工智能', '机器人']
>>> jieba.lcut(str2,all = True)
['AlphaGo', '是', '第一', '第一个', '一个', '战胜', '围棋', '世界', '世界冠军', '冠军', '的', '人工', '人工智能', '智能', '智能机', '机器', '机器人']
```

```
>>> jieba.lcut_for_search(str2)
['AlphaGo', '是', '第一', '一个', '第一个', '战胜', '围棋', '世界', '冠军', '世界冠军', '的', '人
工', '智能', '人工智能', '机器', '机器人']
>>> jieba.cut(str2)
< generator object Tokenizer.cut at 0x000002326E6B03B8 >
>>>[word for word in jieba.cut(str2)]
['AlphaGo', '是', '第一个', '战胜', '围棋', '世界冠军', '的', '人工智能', '机器人']
```

从运行结果可以看出：

（1）jieba.lcut(s)返回精确模式，输出的分词能够完整且不多余地组成原始文本。

（2）jieba.lcut(s,cut_all＝True)返回全模式，输出原始文本中可能产生的所有分词，冗余性大。

（3）jieba.lcut_for_search(s)返回搜索引擎模式，该模式首先执行精确模式，然后对其中的长词进一步切分获得结果。

4.5.3 调整词典和自定义词典

默认情况下，表 4-11 中的 jieba.cut()等分词函数能够以较高的正确率识别分词，但是对于一些少量无法识别的分词，可以向分词库添加新词等操作调整词典。对于特定领域应用的分词（如法律文书、电子病历等）可以通过添加自定义词典来进行分词。

1. 调整词典

调整词典的操作主要包括添加新词、删除词、调节词频等，如表 4-12 所示。

表 4-12　jieba 库添加新词的有关方法

函　　　数	说　　　明
jieba. add_word(word,freq＝None,tag＝None)	向词典添加新词
jieba. del_word(word)	删除词典中的词
jieba. suggest_freq(segment,tune＝True)	可调节单个词语的词频，使其能（或不能）被拆分

【例 4-28】　jieba 库的添加分词与调节词频。

```
>>> import jieba
>>> str3 = "甄善美爱 Python"
>>> jieba.lcut(str3)
['甄善', '美爱', 'Python']
>>> jieba.add_word("甄善美")
>>> jieba.lcut(str3)
['甄善美', '爱', 'Python']
>>> str4 = "在运动中将有补给"
>>> jieba.lcut(str4)
['在', '运动', '中将', '有', '补给']
>>> jieba.suggest_freq(('中','将'),True)
494
>>> jieba.lcut(str4)
['在', '运动', '中', '将', '有', '补给']
```

2. 自定义词典

很多时候我们需要针对自己的场景进行分词，会有一些领域内的专有词汇。用户可以

指定自定义的词典，以便包含 jieba 词库中没有的词。用户自定义的词典文件格式是每个词占一行，每一行分三部分：词语、词频（可省略）、词性（可省略），各部分用空格隔开，顺序不可颠倒。词典文件编码格式为 UTF-8，例如创建词典文件 dict1.txt，如图 4-3 所示。

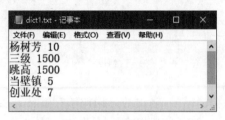

图 4-3　用户自定义词典文件

jieba 中添加自定义词典的语法格式如下，其中<文件名>为文件类对象或自定义词典文件的路径。

```
jieba.load_userdict(<文件名>)
```

【例 4-29】　用户自定义词典的应用。

```
>>> str5 = "杨树芳是当壁镇马拉松冠军也是国家三级跳高运动员"
>>> jieba.lcut(str5)
['杨树', '芳是', '当壁', '镇', '马拉松', '冠军', '也', '是', '国家', '三级跳', '高', '运动员']
>>> jieba.load_userdict('C:\\Python36\\Lib\\site – packages\\jieba
\\dict1.txt')
>>> jieba.lcut(str5)
['杨树芳', '是', '当壁镇', '马拉松', '冠军', '也', '是', '国家', '三级', '跳高', '运动员']
```

上机练习 4

说明：创建程序文件完成下列练习。

【题目 1】　从键盘任意输入 10 个英文单词，输出其中以元音字母开头的单词。

提示：将所有的元音字母存储在字符串变量 str1 中；循环输入 10 个英文单词并存储在列表 list1 中；采用切片的方法提取出单词的首字母，遍历存放元音的字符串 str1 并判断单词的首字母是否在 str1 中。

【题目 2】　统计字符串"One who is filled with knowledge always behaves with elegance"中字符"w"出现的次数。

【题目 3】　输入一个字符串，分别统计其中英文字母、数字、空格和其他字符的个数。

【题目 4】　将字符串 s="hellopython"去重并按升序输出。

【题目 5】　输入一个字符串，编写程序将其每 4 个字符输出 1 行，即每 4 个字符换行输出。

【题目 6】　输入一组整数数据，中间用逗号分隔，返回所有偶数的平方值，中间用逗号连接。比如：输入:1,2,3,4,5,6,7,8,9；输出 4,16,36,64。

【题目 7】　定义一个只包含数字的列表，将其中每个数字变成它的平方。

【题目 8】　把列表 s=[1,2,3,4,5,6,7,8,9,10]分为只有奇数和偶数的两个列表。

提示：用 for 循环遍历列表 s；用 append(x)方法分别两个列表添加奇数和偶数。

【题目 9】 随机生成包含 10 个两位整数的列表,输出其中最大的三个值。

【题目 10】 随机产生 15 个一位整数,删除其中的重复值。

【题目 11】 随机产生 10 个两位数并保存在列表中,求其中的最大值、最小值及平均值。

【题目 12】 随机密码生成。编写程序在 26 个大小写字母字符和 10 个数字字符组成的列表中随机生成 10 个 8 位密码。

提示:用 random.choice(<列表>),从列表中随机取一个元素返回;用嵌套循环实现生成 10 个 8 位密码。

【题目 13】 输入一个由英文单词组成的字符串(分隔符自定),将每个单词的长度计算出来并形成一个新列表,并统计所有单词的平均长度。

【题目 14】 猜词游戏。定义一个包含 5 个元素的列表["hello","easy","hard","study","Python"],编写程序从列表中随机抽取一个单词,并将其顺序打乱后用用户输入猜词的结果,如果猜词正确,输出"恭喜你猜对了",否则输出"很遗憾没有猜对"。

【题目 15】 创建一个元组,元组的元素为 2019 年 7 月 ATP 男单网球排名前 8 位选手,分别是德约科维奇、纳达尔、费德勒、蒂姆、兹维列夫、西西帕斯、锦织圭、卡恰诺夫。要求分两列输出显示这 8 位选手。

提示:用 for 循环和 enumerate()函数实现遍历元组;在 print()函数中使用",end=''"表示不换行输出。

【题目 16】 以徐志摩的诗《再别康桥》作为字符串变量 s,编写程序统计全诗中中文字符的个数及中文词语的个数。注意,中文字符数包含中文标点符号。

提示:用 jieba 进行分词,用 len()函数计算中文字符数和中文词语数。

习 题 4

【选择题】

1. 以下不属于序列类型的是( )

    A. 'Python'   B. ['Python','Good']

    C. (10,20,30)   D. True

2. 下面代码的输出结果是( )。

```
1  for w in 'Python':
2      if  w == 'o':
3          continue
4      print(w,end = '')
```

    A. Pyth   B. Pythn   C. yth   D. Python

3. 下列关于列表的说法,错误的是( )。

    A. 列表中的元素可以是不同的数据类型

    B. 列表是不可变的数据结构

    C. 使用列表时,其索引可以是负数

    D. 列表是一个有序序列,可以添加或删除元素

4. 关于 Python 序列类型的通用操作符和函数,以下选项中描述错误的是( )。

    A. 如果 x 是序列 s 的元素,则 x in s 返回 True

    B. 如果 m＝[20,'hello',35],则 m[0:2] 返回 [20,'hello']

    C. 如果 m＝[20,'hello',35],则 m[3] 返回 35

    D. 如果 m＝[20,'hello',35],则 m[-1] 返回 35

5. 关于 Python 的元组,以下选项中描述错误的是( )。

    A. 元组采用逗号和圆括号来表示

    B. 一个元组可以作为另一个元组的元素

    C. 元组一旦创建就不能被修改

    D. 元组中元素数据类型必须相同

6. 下面代码的输出结果是( )。

```
>>> s = ['林丹', '李宗伟', '谌龙', '董炯', '陶菲克', '盖德']
>>> print(s[1:6:2])
```

    A. ['林丹','李宗伟','谌龙','董炯','陶菲克','盖德']

    B. ['李宗伟','董炯']

    C. ['李宗伟','董炯','盖德']

    D. ['林丹','谌龙','陶菲克']

7. 下面代码的输出结果是( )。

```
>>> list1 = list(range(6))
>>> print(list1)
```

    A. [0,1,2,3,4,5]   B. 0,1,2,3,4

    C. 0 1 2 3 4 5   D. 0;1;2;3;4;5

8. 下面代码的输出结果是( )。

```
1  a = [ ]
2  for i in range(2,10):
3      count = 0
4      for x in range(2,i):
5          if i%x == 0:
6              count += 1
7      if count == 0:
8          a.append(i)
9  print(a)
```

    A. [2,3,5,7]   B. [3,5,7,9]

    C. [2,4,6,8]   D. [2,3,4,5,6,7,8,9]

9. 以下选项中是 Python 中文分词的第三方库的是( )。

    A. jieba   B. beautifulsoup4

    C. tensorflow   D. turtle

10. 关于 jieba 库的描述,以下选项中正确的是( )。

    A. jieba 是 Python 中一个重要的标准函数库

B. jieba.cut(s)是精确模式,返回列表类型

C. jieba.lcut(s)是精确模式,返回一个可迭代的数据类型

D. jieba.add_word(s)是向分词词典中添加新词

【填空题】

1. 列表 L1＝[10,11,12,13,14,15],则切片 L1[−1:]的结果是_____,L1[:4]的结果是_____,L1[3:5]的结果是_____。

2. Python 常用的序列类型包括_____、_____和_____三种。

3. 对于列表 a＝[1,2,3,4,2,1],调用 a.index(3)方法会输出_____。

4. 设 a＝[1,2,3,4,5,6,7,8],则 a[::3]的值为_____。

5. 已知列表 list1 ＝['a','b','c','d','e','f','g'],写出实现以下功能的代码。

(1) 输出列表 list1 的长度;_____

(2) 输出索引值为 3 的元素;_____

(3) 输出列表第 2 个及其后所有的元素;_____

(4) 增加元素 'h';_____

(5) 删除第 4 个元素。_____

6. 请补充横线处的代码,list1 中存放了已点的饮品,让 Python 帮你增加一个"雪碧",去掉一个"可乐"。

```
1  list1 = ['可乐', '橙汁', '椰汁', '酸梅汤','加多宝', '西瓜汁']
2  list1._____('雪碧')
3  list1._____('可乐')
4  pirnt(list1)
```

7. 下面代码的输出结果是_____。

```
1  for s in 'Python':
2      if  s == 'o':
3          break
4      print(s,end = '')
```

8. 下面代码的执行结果是_____。

```
>>> s = "我们爱和平"
>>> print("{0: = > 10}".format(s))
```

9. 下面代码的执行结果是_____。

```
>>> list1 = list(range(5))
>>> print(list1)
```

10. 请补全代码,用 jieba 库实现对字符串 s 可能的所有分词结果列表。

```
1  _____
2  s = "两个学校的学生来到人民公园"
3  ls = jieba.lcut(s,_____)
```

【判断题】

1．序列类型和数学中的数列一样，每个元素都是同一种类型的数据对象。　　（　　）

2．列表和元组除了标识上有区别，即一个是方括号，一个是圆括号之外，两种数据类型的方法和函数都是通用的。　　（　　）

3．列表中 pop()函数的功能是返回并删除列表中最后一个元素。　　（　　）

4．一个元组可以作为另一个元组的元素，可以采用多级索引获取信息。　　（　　）

5．字符串和列表均支持成员关系操作符 in 和长度计算函数 len()。　　（　　）

6．关于 jieba 库的函数 jieba.lcut(x,cut_all＝True)，表示精确模式，返回中文文本 x 分词后的列表。　　（　　）

7．jieba 库中搜索引擎分词模式的作用是对长词再次切分，提高召回率。　　（　　）

8．关于 Python 字符编码使用 ASCII 编码。　　（　　）

9．利用 format 格式化输出，字符串模板"{:.2f}"能够控制浮点数的小数点后两位输出。　　（　　）

10．s[0:－3]可访问字符串 s 从右向左的共 3 个字符。　　（　　）

【简答题】

1．Python 的序列类型有哪些？

2．请简述列表与元组的区别。

3．请简述序列类型中索引的作用。

4．请简述 list1[::－1]与 list1.reverse()有何区别。

5．请简述两个由多字符组成的字符串的比较方法。

第5章

字典和集合

第 4 章介绍的字符串、列表和元组都属于序列类型。序列的特点是数据元素之间有先后的顺序关系,通过位置编号(索引)来访问数据元素。本章介绍的字典和集合中的数据元素之间没有确定的顺序关系,属于无序的数据集合体,与序列类型的操作方式有很大的区别。

本章介绍字典与集合的概念、操作及相关的应用。

5.1 字　　典

字典是以"{}"为界限符,以","分隔的键值对的集合。字典是无序键值对的集合。每个键值对都包含两部分:键(key)和值(value)。键相当于索引,它对应的值就是数据,数据是根据键存储的,这种对应关系是唯一的。字典中的键必须是唯一的,值可以相同。

字典中的键必须是不可变的数据类型,如整数、实数、字符串、元组等。不允许使用列表、集合、字典作为字典的键。值可以是任意数据类型。

字典与序列类型的区别如下:

(1) 存取和访问数据的方式不同。序列类型通过位置编号(索引)存取数据,而字典是根据键存取。

(2) 序列类型是有序的数据集合,字典是无序的数据集合。字典中的键值对没有明确的顺序。

(3) 字典是可变类型,序列类型中字符串、元组是不可变类型,列表是可变类型。

5.1.1 字典的常用操作

1. 创建字典

Python 提供了多种创建字典的方法。

1) 用赋值的方式创建

使用赋值运算符"="将一个字典赋值给一个变量即可创建一个字典变量,字典用花括号"{}"将键值对括起来,每个键值对之间用逗号","分隔,键值对中键和值之间用冒号":"分隔。格式如下:

字典名={[键 1:值 1[,键 2:值 2,…,键 n:值 n]]}

字典中的键在字典中必须是唯一的,而值可以相同。当所有键值对都省略时生成一个空字典。

【例 5-1】 用赋值方式创建字典举例。

参考代码如下：

```
>>> dict1 = {}
>>> type(dict1)
<class 'dict'>
>>> dict2 = {'id':'001','sex':'男'}
>>> dict2
{'id': '001', 'sex': '男'}
```

2）用 dict() 函数创建字典

使用 dict() 函数创建字典共有 3 种方法，具体如下：

（1）用 dict() 函数创建空字典，例如：dict3＝dict()。

（2）用列表或元组作为 dict() 函数的参数创建字典。

【例 5-2】 将列表[['a',1],['b',2]]和元组(('c',3),('d',4))用 dict() 函数转换为字典。

参考代码如下：

```
>>> dict4 = dict([['a',1],['b',2]])
>>> dict4
{'a': 1, 'b': 2}
>>> dict5 = dict((('c',3),('d',4)))
>>> dict5
{'c': 3, 'd': 4}
```

（3）将数据按照"关键字＝值"的形式作为参数传递给 dict() 函数。

【例 5-3】 已知 id＝'002'、sex＝'男'，利用 dict() 函数将其转换为字典。

参考代码如下：

```
>>> dict6 = dict(id = '002',sex = '男')
>>> dict6
{'id': '002', 'sex': '男'}
```

另外，也可以利用 zip() 函数将两个列表或元组对应位置的元素作为一个键值对的形式创建字典。

注：zip() 函数是 Python 的内置函数，用于将可迭代的对象作为参数，将对象中对应的元素打包成一个个元组，然后返回由这些元组组成的列表。语法格式为：zip(iterable1,iterable2,…,iterablen)，其中 iterable1,iterable2,…,iterablen 表示可迭代对象。

【例 5-4】 用列表['a','b','c','d']和列表[1,2,3,4]生成字典{'a':1,'b':2,'c':3,'d':4}。

参考代码如下：

```
>>> list1 = ['a','b','c','d']
>>> list2 = [1,2,3,4]
>>> dict7 = dict(zip(list1,list2))
>>> dict7
{'a': 1, 'b': 2, 'c': 3, 'd': 4}
```

3）用 fromkeys()方法创建字典

fromkeys(seq[,value])方法用于创建一个新的字典,其中参数 seq 是可迭代对象,参数 value 表示新建字典中的值,如果 value 缺省,默认值为 None。该方法适用于创建一个所有值都相同的字典。

【例 5-5】 用 fromkeys()方法创建值都相同的字典。

参考代码如下:

```
>>> dict8 = {}.fromkeys(('a','b','c''))
>>> dict8
{'a': None, 'b': None, 'c': None}
>>> dict9 = {}.fromkeys(('a','b','c'),3)
>>> dict9
{'a': 3, 'b': 3, 'c': 3}
```

2. 字典的基本操作

1）字典的访问

字典的访问是指通过字典的键访问字典的值。字典访问的格式为:

字典名[键]

如果键在字典中,则返回该键对应的值,否则引发一个 KeyError 错误。举例如下。

【例 5-6】 输出字典{'name':'张三','id':'001','sex':'男'}中键'name'和键'age'的值。

参考代码如下:

```
>>> D1 = {'name':'张三','id':'001','sex':'男'}
>>> D1['name']
'张三'
>>> D1['age']
Traceback (most recent call last):
  File "< pyshell #23 >", line 1, in < module >
    D1['age']
KeyError: 'age'
```

键'name'对应的值正常输出,但字典中没有键'age',所以访问'age'引出错误。

如果字典中包含列表,则字典中列表的访问方法参照例 5-7 所示。

【例 5-7】 字典 D1={'name':'张三','id':'001','sex':'男','score':[78,89,95,88]},访问字典 D1 中键'score'对应的列表中索引值为 1 的元素。

参考代码如下:

```
>>> D1 = {'name':'张三','id':'001','sex':'男','score':[78,89,95,88]}
>>> D1['score']
[78, 89, 95, 88]
>>> D1['score'][1]
89
```

D1['score']访问到列表,D1['score'][1]访问列表中索引值为 1 的元素。字典也可以嵌套元组,操作方式与字典嵌套列表相同。

可以用 for 循环遍历字典,例如:

```
>>> D1 = {'name':'张三','id':'001','sex':'男'}
>>> for item in D1:
        print(item)
name
id
sex
```

这表明直接遍历字典时,输出的循环变量是字典中的全部键。若要遍历输出字典中的全部值,可以通过字典访问完成,例如:

```
>>> D1 = {'name':'张三','id':'001','sex':'男'}
>>> for item in D1:
        print(D1[item])
张三
001
男
```

若要遍历输出字典中的全部键值对,可以结合上面两种方法,例如:

```
>>> D1 = {'name':'张三','id':'001','sex':'男'}
>>> for item in D1:
        print(item,D1[item])
name  张三
id  001
sex  男
```

2) 字典的更新

字典的更新指的是更新字典中的值。更新语句的格式为:

字典名[键] = 值

若键在字典中,将键对应的值进行更新;如果键不在字典中,则将键和值组成一个键值对添加到字典中。

【例 5-8】 把字典{'name':'张三','id':'001','sex':'男'}中的'001'改为'002',并把键值对"'age':18"添加到字典中。

参考代码如下:

```
>>> D1 = {'name':'张三','id':'001','sex':'男'}
>>> D1.['id'] = '002'
>>> D1
{'name': '张三', 'id': '002', 'sex': '男'}
>>> D1['age'] = 18
{'name': '张三', 'id': '002', 'sex': '男', 'age': 18}
```

【例 5-9】 用 for 循环将字典{'数学':98,'外语':86,'编程':100,'中文':96}中值在[90, 100]的值修改为"优秀",值在[80,90)的值修改为"良好",值在[70,80)的值修改为"中等",值在[60,70)的值修改为"合格",值在[0,60)的值修改为"不及格"。

参考代码如下:

```
1  #E5-9.py
2
3  score = {'数学':98,'外语':86,'编程':100,'中文':96}
```

```
4   for i in score:
5       if 90 <= score[i] <= 100:
6           score[i] = '优秀'
7       elif 80 <= score[i] < 90:
8           score[i] = '良好'
9       elif 70 <= score[i] < 80:
10          score[i] = '中等'
11      elif 60 <= score[i] < 70:
12          score[i] = '合格'
13      else:
14          score[i] = '不及格'
15  print(score)
```

程序运行结果如下：

```
{'数学':'优秀','外语':'良好','编程':'优秀','中文':'优秀'}
```

3）字典的判断

字典的判断是指判断某些数据是否为字典的键，判断时使用运算符 in 或 not in。

【例 5-10】 判断'name'、'001'、'男'是否在字典{'name':'张三','id':'001','sex':'男'}中。

参考代码如下：

```
>>> D1 = {'name':'张三','id':'001','sex':'男'}
>>> 'name' in D1
True
>>> '001' in D1
False
>>> 'name' not in D1
False
>>> '男' not in D1
True
```

注意：字典判断是判断键是否在字典中，而不是值。

4）字典的长度

字典的长度指的是字典中键值对的数量。利用 len() 函数可以获得字典中键值对的数量，此处函数的参数是字典，例如 len(D1)。

5）字典的运算

字典中常用的运算有"=="和"!="，用来比较两个字典是否相等。

【例 5-11】 比较 d1＝{'a':1,'b':2}和 d2＝{'b':2,'a':1}是否相等。

参考代码如下：

```
>>> d1 = {'a':1,'b':2}
>>> d2 = {'b':2,'a':1}
>>> d1 == d2
True
```

这个例子也可以说明字典中的键值对是无序的。

6）字典的删除

字典的删除用 del 命令实现，可以删除字典中的元素及删除字典本身。

删除字典中元素的语法格式为：

```
del 字典名[键]
```

删除字典的语法格式为：

```
del 字典名
```

【例 5-12】 先删除{'name':'张三','id':'001','sex':'男'}中"'name':'张三'"键值对，再删除字典。

参考代码如下：

```
>>> D1 = {'name':'张三','id':'001','sex':'男'}
>>> del D1['name']
>>> D1
{'id': '001', 'sex': '男'}
>>> del D1
>>> D1
Traceback (most recent call last):
  File "<pyshell#77>", line 1, in <module>
    D1
NameError: name 'D1' is not defined
```

5.1.2　字典的常用方法

1. keys()、values()和 items()方法

命令格式分别为：

```
字典名.keys()
字典名.values()
字典名.items()
```

功能：keys()方法能够返回字典中的所有键，values()方法能够返回字典中的所有值，items()方法能够返回字典中的所有键值对。

【例 5-13】 分别显示{'name':'张三','id':'001','sex':'男'}中所有的键、所有的值及所有的键值对。

参考代码如下：

```
>>> D1 = {'name':'张三','id':'001','sex':'男'}
>>> D1.keys()
dict_keys(['name', 'id', 'sex'])
>>> D1.values()
dict_values(['张三', '001', '男'])
>>> D1.items()
dict_items([('name', '张三'), ('id', '001'), ('sex', '男')])
```

这三个方法返回的数据可以用 list()函数和 tuple()函数直接转换成列表和元组，也可以直接用 for 循环遍历访问。

参考代码如下：

```
>>> D1 = {'name':'张三','id':'001','sex':'男'}
>>> L1 = list(D1.keys())
>>> L1
```

```
['name', 'id', 'sex']
>>> T1 = tuple(D1.values())
>>> T1
('张三', '001', '男')
>>> for item in D1.items():
        print(item,end = '')
('name', '张三')('id', '001')('sex', '男')
```

【例 5-14】 现有字典 dict1＝{"张三":18,"李四":25,"王五":36,"赵六":45,"刘七":25},该字典中的键是姓名,值是年龄。查找并返回字典中的最大年龄(键值对中的值)。

参考代码如下:

```
1   #E5 - 14.py
2
3   dict1 = {"张三":18,"李四":25,"王五":36,"赵六":45,"刘七":25}
4   age = 0
5   for i in dict1:
6       if dict1[i]> age:
7           age = dict1[i]
8   print(age)
```

程序运行结果如下:

```
45
```

上面例题也可以配合列表来实现,参考代码如下:

```
1   #E5 - 14 列表实现.py
2
3   dict1 = {"张三":18,"李四":25,"王五":36,"赵六":45,"刘七":25}
4   list1 = []
5   for i in dict1.values():
6       list1.append(i)
7   print(max(list1))
```

程序运行结果如下:

```
45
```

也可以将 dict1.values()方法的返回值转换为列表或元组,再用列表和元组的 max()函数输出最大值。

【例 5-15】 将例 5-14 的要求改为查找并返回字典中年龄最大的键值对。

参考代码如下:

```
1   #E5 - 15.py
2
3   dict1 = {"张三":18,"李四":25,"王五":36,"赵六":45,"刘七":25}
4   age = 0
5   for i in dict1:
6       if dict1[i]> age:
7           age = dict1[i]
8           x = i
9   print(x,dict1[x])
```

程序运行结果如下：

赵六　45

思考：将上述代码的 print(x,dict1[x])改为 print(i,dict1[i])，查看输出结果，分析两种输出结果不同的原因。

同样可以用 for 循环遍历字典的 items()方法来实现例 5-15 的功能。

参考代码如下：

```
1   #E5－15 用 item 实现.py
2
3   dict1 = {"张三":18,"李四":25,"王五":36,"赵六":45,"刘七":25}
4   for k,v in dict1.items():
5       if v == max(dict1.values()):
6           print(k,v)
```

程序运行结果如下：

赵六　45

2. copy()方法

命令格式为：

字典名.copy()

功能：用于对字典的复制。

【例 5-16】　copy()方法举例。

```
>>> D1 = {'name':'张三','id':'001','sex':'男'}
>>> D2 = D1.copy()
>>> D2
{'name': '张三', 'id': '001', 'sex': '男'}
```

3. get()方法

命令格式为：

字典名.get(key,default)

功能：返回字典中键 key 对应的值，若 key 不存在，则返回 default 值，default 的缺省值是 None。

【例 5-17】　get()方法举例。

```
>>> D1 = {'name':'张三','id':'001','sex':'男'}
>>> (D1.get('sex')
男
>>> (D1.get('birthday','no message')
no message
>>> print(D1.get('age'))
None
```

由于键'sex'在字典中存在，因此返回的是'sex'对应的值'男'。由于字典中没有键

'birthday',default 参数为'no message',所以返回'no message'。由于键'age'在字典中不存在,但 get()方法中没有指定 default 参数,所以返回 default 参数的缺省值 None。

注意:get()方法与第 5.11 节中介绍的"字典名[键]"的字典访问操作有所不同,键'age'在字典中不存在,get()方法返回的是 None,而操作"字典名[键]"会直接报错。

4.update()方法

命令格式为:

字典 1.update(字典 2)

功能:用字典 2 中的键值对更新字典 1 中的键值对。

【例 5-18】 现有字典 D1={'name':'张三','id':'001','sex':'男'},D2 为空字典,实现下列操作:

(1) 复制 D1 到 D2。

(2) 把 D1 中的'001'改为'002',用 D1 更新 D2。

参考代码如下:

```
>>> D1 = {'name':'张三','id':'001','sex':'男'}
>>> D2 = {}
>>> D2.update(D1)
{'name': '张三', 'id': '001', 'sex': '男'}
>>> D1['id'] = '002'
>>> D2.update(D1)
>>> D2
{'name': '张三', 'id': '002', 'sex': '男'}
```

【例 5-19】 已知字典 D1={'name':'张三','id':'001','sex':'男'}、D2={'name':'李四','age':18},用 D2 更新 D1 中的键值对后,D1 和 D2 的值各是什么?

参考代码如下:

```
>>> D1 = {'name':'张三','id':'001','sex':'男'}
>>> D2 = {'name':'李四','age':18}
>>> D1.update(D2)
>>> D1
{'name': '李四', 'id': '001', 'sex': '男', 'age': 18}
>>> D2
{'name': '李四', 'age': 18}
```

5.setdefault()方法

命令格式为:

字典名.setdefault(key[,value])

功能:如果字典中存在 key,则返回字典中 key 对应的值;若 key 不存在,则返回 value 值,同时把 key:value 作为键值对添加到字典中,value 的缺省值是 None。

【例 5-20】 已知字典 D1={'name':'张三','id':'001','sex':'男'},用 setdefault()方法实现下列操作:

(1) 返回键'id'对应的值。

(2) 把键值对"'age':18"添加进字典中。

(3) 把'birthday'作为键添加到字典中。

参考代码如下：

```
>>> D1 = {'name':'张三','id':'001','sex':'男'}
>>> D1.setdefault('id')
'001'
>>> D1.setdefault('age',18)
18
>>> D1
{'name': '张三', 'id': '001', 'sex': '男', 'age': 18}
>>> D1.setdefault('birthday')
>>> D1
{'name': '张三', 'id': '001', 'sex': '男', 'age': 18, 'birthday': None}
```

【例 5-21】 通过键盘输入一个由任意字符组成的字符串,利用字典编写程序统计输入的字符串中每个字符的个数。

参考代码如下：

```
1   # E5 - 21.py
2
3   str1 = input("输入一个字符串: ")
4   dict1 = {}
5   for i in str1:
6       if i not in dict1:
7           dict1.setdefault(i,1)
8       else:
9           dict1[i] = dict1[i] + 1
10  print(dict1)
```

程序运行结果如下：

```
输入一个字符串: abacad
{'a': 3, 'b': 1, 'c': 1, 'd': 1}
```

注：若把上述程序中 dict1.setdefault(i,1)语句改为 dict1[i]=1,两者的效果一致。

6. pop()方法

命令格式为：

字典名.pop(key[,value])

功能：若字典中存在 key,则返回 key 对应的值,同时将该键值对在字典中删除;若字典中不存在该 key,则返回 value 值。

【例 5-22】 已知字典 D1={'name':'张三','id':'001','sex':'男'},用 pop()方法先删除字典中以'name'为键的键值对,再删除以'age'为键的键值对,删除'age'时显示"不存在"。

参考代码如下：

```
>>> D1 = {'name':'张三','id':'001','sex':'男'}
>>> D1.pop('name')
'张三'
>>> D1
{'id': '001', 'sex': '男'}
>>> D1.pop('age','不存在')
'不存在'
```

7. popitem()方法

命令格式为：

字典名.popitem()

功能：删除字典中的键值对，返回键值对构成的元组。

【例 5-23】 popitem()举例。

```
>>> D1 = {'name':'张三','id':'001','sex':'男'}
>>> D1.popitem()
('sex', '男')
>>> D1
{'name': '张三', 'id': '001'}
>>> type(D1.popitem())
<class 'tuple'>
>>> D1
{'name': '张三'}
```

8. clear()方法

命令格式为：

字典名.clear()

功能：删除字典中全部的键值对，使之变成空字典。

【例 5-24】 clear()方法举例。

```
>>> D1 = {'name':'张三','id':'001','sex':'男'}
>>> D1.clear()
>>> D1
{}
```

5.2 集　　合

集合(set)是一组对象的组合，是一个不重复且无序的数据集合体。类似数学中的集合，可以进行交、并、差等运算。Python 中集合包含两种类型：可变集合(set)和不可变集合(frozenset)。可变集合中的元素既可以添加也可以删除，可变集合中的元素必须是不可变的数据类型，可以是数值、字符串或元组，但不能是列表、字典和可变集合。

集合中可以包含不同数据类型的数据。

5.2.1　集合的创建

集合的创建有两种方法。第一种方法是用一对花括号"{}"将多个用逗号","分隔的数据括起来。{}不能表示空集合，因为{}表示空字典。如果要生成空集合需要用到第二种方法。第二种方法是用 set()函数，该函数可以将字符串、列表、元组等类型的数据转换成对应的集合，参数为空时生成空集合。

1. 生成空集合

示例如下：

```
>>> set2 = set()
>>> set2
set()
>>> type(set2)
<class 'set'>
```

2. 用"{}"直接生成集合

示例如下：

```
>>> set3 = {0,1,2,3,'a','b',(34,56)}
>>> set3
{0, 1, 2, 3, 'b', 'a', (34, 56)}
```

注意：集合中只能包含数值、字符串、元组等不可变类型的数据。

3. 利用 set()函数将字符串转换成集合

示例如下：

```
>>> set4 = set('hello world')
>>> set4
{'l', 'w', ' ', 'e', 'd', 'r', 'h', 'o'}
```

注意：set()函数在把字符串'hello world'转换为集合时会把重复的元素删除，这是一个非常重要的特性。set()函数也可以把列表和元组转化为集合。

下面介绍用 set()函数把列表转化为集合，再用 list()函数把集合转为列表的过程。

【例 5-25】 去掉列表[89,78,90,65,59,88,79,90,80,89]中的重复值，再返回去重之后的列表。

参考代码如下：

```
>>> list1 = [89,78,90,65,59,88,79,90,80,89]
>>> set5 = set(list1)
>>> set5
{65, 78, 79, 80, 88, 89, 90, 59}
>>> list2 = list(set5)
>>> list2
[65, 78, 79, 80, 88, 89, 90, 59]
```

4. 创建不可变集合

Python 中集合包含可变集合(set)和不可变集合(frozenset)。frozenset()函数可以将元组、列表和字符串等类型数据转换成不可变集合。下面介绍如何用 frozenset()函数创建不可变集合。

示例如下：

```
>>> set6 = frozenset('hello world')
>>> type(set6)
<class 'frozenset'>
>>> set6
frozenset({'l', 'w', ' ', 'e', 'd', 'r', 'h', 'o'})
>>> set7 = {1,2,'a',set6}
>>> set7
{1, 2, frozenset({'l', 'w', ' ', 'e', 'd', 'r', 'h', 'o'}), 'a'}
```

上面代码中利用 frozenset() 函数生成了一个不可变集合 set6，set6 可以作为可变集合 set7 中的一个元素。

5.2.2　集合的常用运算

Python 中的集合支持多种集合运算，很多运算和数学中的集合运算含义一样。

1. 专门的集合运算

表 5-1 列出专门的集合运算，表中 A 与 B 均表示集合。

表 5-1　专门的集合运算

表 达 式	功　　能	表 达 式	功　　能
A&B	A 与 B 的交集	A−B	A 与 B 的差集
A|B	A 与 B 的并集	A^B	A 与 B 的对称差集

【例 5-26】　利用集合运算符分别计算集合{1,2,3,4,5}和集合{2,4,6,8}的交集、并集、差集和对称差集。

参考代码如下：

```
>>> set8 = {1,2,3,4,5}
>>> set9 = {2,4,6,8}
>>> seta = set8&set9
>>> seta
{2, 4}
>>> setb = set8|set9
>>> setb
{1, 2, 3, 4, 5, 6, 8}
>>> setc = set8 − set9
>>> setc
{1, 3, 5}
>>> setd = set8^set9
>>> setd
{1, 3, 5, 6, 8}
```

2. 集合的比较运算

表 5-2 列出集合的比较运算，表中 A 与 B 均表示集合，C 表示元素。

表 5-2　集合的比较运算

表 达 式	功　　能	表 达 式	功　　能
A==B	判断 A 与 B 是否相等	A>B	判断 A 是否是 B 的真超集
A!=B	判断 A 与 B 是否不相等	A>=B	判断 A 是否是 B 的超集(包括非真超集)
A<B	判断 A 是否是 B 的真子集		
A<=B	判断 A 是否是 B 的子集(包括非真子集)	C in A	C 是否是 A 的成员
		C not in A	C 是否不是 A 的成员

1）A==B

判断集合 A 和 B 是否相等。若相等返回 True，否则返回 False。下面例子也充分说明集合是无序的。

```
>>> A = { 'a', 'b', 'c', 'd' }
>>> B = { 'c', 'd', 'b', 'a' }
>>> A == B
True
```

2) A!=B

判断集合 A 和 B 是否不相等。如果集合 A 和 B 具有不同的元素，则返回 True，否则返回 False。

```
>>> A = { 'a', 'b', 'c', 'd' }
>>> B = { 'c', 'd', 'b', 'e' }
>>> A == B
False
>>> A != B
True
```

3) A<B

判断集合 A 是否是 B 的真子集。如果 A 不等于 B，且 A 中的所有元素都是 B 的元素，则返回 True，否则返回 False。

```
>>> A = { 'a', 'b', 'c', 'd' }
>>> B = { 'c', 'd', 'b', 'a' }
>>> A < B
False
>>> B = { 'c', 'd', 'b', 'a', 'e' }
>>> A < B
True
```

4) A<=B

判断集合 A 是否是 B 的子集。如果 A 中所有元素都是 B 的元素，则返回 True，否则返回 False。

```
>>> A = { 'a', 'b', 'c', 'd' }
>>> B = { 'c', 'd', 'b', 'a' }
>>> A <= B
True
>>> B = { 'c', 'd', 'b', 'a', 'e' }
>>> A <= B
True
```

5) A>B

判断集合 A 是否是 B 的真超集。如果 A 不等于 B，且 B 中所有元素都是 A 的元素，则返回 True，否则返回 False。

```
>>> A = { 'a', 'b', 'c', 'd' }
>>> B = { 'c', 'd', 'b', 'a' }
>>> A > B
False
>>> B = { 'c', 'd', 'b' }
>>> A > B
True
```

6）A>=B

判断集合 A 是否是 B 的超集。如果 B 中所有元素都是 A 的元素，则返回 True，否则返回 False。

```
>>> A = {'a','b','c','d'}
>>> B = {'c','d','b','a'}
>>> A >= B
True
>>> B = {'c','d','b'}
>>> A >= B
True
```

7）C in A

判断 C 是否是集合 A 中的元素。如果 C 是集合 A 中的元素，则返回 True，否则返回 False。

```
>>> A = {'a','b','c','d'}
>>> 'a' in A
True
>>> 1 in A
False
```

8）C not in A

判断 C 是否不是 A 中的元素。如果 C 不是集合 A 中的元素，则返回 True，否则返回 False。

```
>>> A = {'a','b','c','d'}
>>> 'a' not in A
False
>>> 1 not in A
True
```

5.2.3 集合的常用方法

Python 提供的方法分为两类：面向所有集合的方法和面向可变集合的方法。面向所有集合的方法基本上与集合的基本操作类似。面向可变集合的方法，是会对原集合产生更新操作的一些方法。

1. 面向所有集合的方法

面向所有集合的常用方法如表 5-3 所示，表中 A 与 B 均表示集合。

表 5-3 面向所有集合的常用方法

方 法	功 能
A. copy()	复制集合 A
A. issubset(B)	判断 A 是否是 B 的子集
A. issuperset(B)	判断 A 是否是 B 的超集
A. isdisjoint(B)	判断 A 与 B 是否有共同元素
A. union(B)	返回 A 与 B 的并集

方　　法	功　　能
A. intersection(B)	返回 A 与 B 的交集
A. difference(B)	返回 A 与 B 的差集
A. symmetric_difference(B)	返回 A 与 B 的对称差集

【例 5-27】 已知集合{1,2,3,4}、{1,2,3}和{2,4,6,8}，应用表 5-3 中的方法。
参考代码如下：

```
>>> A = {1,2,3,4}
>>> B = {1,2,3}
>>> C = {2,4,6,8}
>>> D = A.copy()
{1, 2, 3, 4}
>>> B.issubset(A)
True
>>> B.issuperset(A)
False
>>> A.issuperset(B)
True
>>> A.isdisjoint(C)
False
>>> A.union(C)
{1, 2, 3, 4, 6, 8}
>>> A.intersection(C)
{2, 4}
>>> A.difference(C)
{1, 3}
>>> A.symmetric_difference(C)
{1, 3, 6, 8}
```

2. 面向可变集合的方法

面向可变集合的方法会修改原集合中的元素，所以不适合用于不可变集合。常见的面向可变集合的方法如表 5-4 所示，表中 A 与 B 均表示集合。

表 5-4　面向可变集合的方法

方　　法	功　　能
A. update(B)	把集合 A 修改为 A 与 B 的并集
A. intersection_update(B)	把集合 A 修改为 A 与 B 的交集
A. difference_update(B)	把集合 A 修改为 A−B
A. symmetric_difference_update(B)	把集合 A 修改为 A∪B−A∩B
A. add(X)	把元素 X 添加到集合 A 中
A. discard(X)	把集合 A 中的元素 X 删除，若不存在，则没有任何操作
A. remove(X)	把集合 A 中的元素 X 删除，若不存在，则产生 KeyError 异常
A. pop()	随机删除集合 A 中的一个元素，并返回该元素
A. clear()	清空集合 A

（1）update()方法：

```
>>> A = {1,2,3,4}
>>> B = {2,4,6,8}
>>> A.update(B)
>>> A
{1, 2, 3, 4, 6, 8}
```

（2）intersection_update()方法：

```
>>> A = {1,2,3,4}
>>> B = {2,4,6,8}
>>> A.intersection_update(B)
>>> A
{2, 4}
```

（3）difference_update()方法：

```
>>> A = {1,2,3,4}
>>> B = {2,4,6,8}
>>> A.difference_update(B)
>>> A
{1, 3}
```

（4）symmetric_difference_update()方法：

```
>>> A = {1,2,3,4}
>>> B = {2,4,6,8}
>>> A.symmetric_difference_update(B)
>>> A
{1, 3, 6, 8}
```

（5）add()方法：

```
>>> A = {1,2,3,4}
>>> A.add('python')
>>> A
{1, 2, 3, 4, 'python'}
```

（6）discard()方法：

```
>>> A = {1,2,3,4}
>>> A.discard(1)
>>> A
{2, 3, 4}
>>> A.discard('python')
>>> A
{2, 3, 4}
```

（7）remove()方法：

```
>>> A = {1,2,3,4}
>>> A.remove(1)
```

```
>>> A
{2, 3, 4}
>>> A.remove('python')
Traceback (most recent call last):
  File "<pyshell#186>", line 1, in <module>
    A.remove('python')
KeyError: 'python'
>>> A
{2, 3, 4}
```

（8）pop()方法：

```
>>> A = {1,2,3,4}
>>> A.pop()
1
>>> A
{2, 3, 4}
```

（9）clear()方法：

```
>>> A = {1,2,3,4}
>>> A.clear()
>>> A
set()
```

5.3　wordcloud 库

wordcloud 库是根据文本生成词云的 Python 第三方库。词云以词语为基本单位，根据其在文本中出现的频率设计词语大小不同的效果，从而能更加直观和艺术地展示文本。

【例 5-28】　利用 wordcloud 库将字符串生成词云。

参考代码如下：

```
1   #E5-28.py
2   import wordcloud
3   wd = wordcloud.WordCloud()
4   wd.generate("python wordcloud wxpython pyside")
5   wd.to_file("pywcd.jpg")
```

运行代码会生成如图 5-1 所示的图片文件。

图 5-1　字符串生成词云

上面代码通过四个步骤完成了词云的生成。第一步是导入 wordcloud 库。第二步是生成一个 wordcloud 类的实例。第三步把要生成词云的字符串传递给 generate() 方法。第四步是输出生成的词云。

【例 5-29】 利用 wordcloud 库将文本文件中的内容生成词云。

问题分析：例 5-28 是将一个字符串生成词云，wordcloud 也可以将文件生成词云。若要将文件生成词云，具体操作时可以将上面代码的第三步改为 wordcloud.generate(open('A1.txt','r').read())，其中 A1 是文本文档名，open() 的具体用法参见 7.2 节。

修改后的完整代码如下：

```
1  # E5 - 29.py
2  import wordcloud
3  wd = wordcloud.WordCloud()
4  wd.generate(open('A1.txt','r').read())
5  wd.to_file("词云 1.jpg")
```

注意：由于代码中没有给出各个文件的路径，因此"A1.txt""词云 1.jpg"以及程序文件"E5-29.py"需要存储在同一个路径中才能保证程序正常运行。

程序运行后生成的词云图片如图 5-2 所示。

wordcloud 把词云作为一个对象，将文本中词语出现的频率作为参数用于绘制词云。词云的大小、颜色、形状等都可以在 WordCloud 函数参数中设置。例如设定词云文件的背景色为白色，高度和宽度都为 300 像素的代码为：

wd = wordcloud.WordCloud(width = 300, height = 300, background_color = 'white')

将此行代码替换到例 5-29 程序代码的相应位置，在其他代码不变的情况下，生成的词云文件如图 5-3 所示。

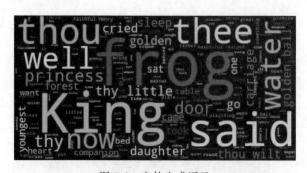

图 5-2　文件生成词云

图 5-3　修改背景色及高宽

WordCloud() 函数常用参数如表 5-5 所示，更详细的参数及说明见附录 F。

表 5-5　WordCloud() 函数常用参数

参　　数	功　　能
font_path	指定字体文件的路径
width	文件宽度

续表

参　　数	功　　能
height	文件高度
mask	词云形状，默认为方形图
stopwords	排出词列表，即不显示在图中的词
background_color	背景色，默认为黑色

wordcloud 默认用 generate()方法以空格或标点为分隔符对文本进行分词处理，该方法可以对所有的文本进行自动分词操作。to_file(fname)方法是把生成的词云文件保存为名为 fname 的图片文件。

此外，wordcloud 还可以生成任意形状的词云，为此需要提供相应的图像文件作为生成词云形状的模板。

【例 5-30】　生成具有一定形状的词云。

问题分析：由于需要对图像进行处理，所以此处需要结合 numpy 库和 PIL 库的 Image 模块，两个库的使用方法详见第 8 章。假设要生成的形状如图 5-4 所示，该图片保存在 D 盘根目录下，图片名称为"abc.jpg"。利用 numpy 和 PIL 将图片"abc.jpg"转换为数组，并赋值给变量 wctype。然后设置 WordCloud()函数的 mask 参数值为 wctype。

参考程序如下：

```
1   #E5 - 30.py
2   import wordcloud
3   import numpy
4   from PIL import Image
5   wctype = numpy.array(Image.open(r"D:\abc.jpg"))
6   wdcd = wordcloud.WordCloud(background_color = 'white',mask = wctype)
7   wdcd.generate(open('A1.txt','r').read())
8   wdcd.to_file("frog.jpg")
```

生成的词云如图 5-5 所示。

图 5-4　青蛙原图

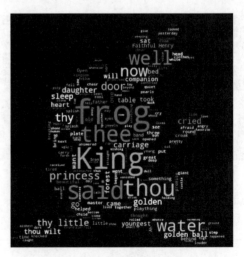

图 5-5　生成的青蛙形状词云

上机练习 5

说明：创建程序文件完成下列练习。

【题目 1】 新建字典 dict1，要求字典内有 26 个键值对，每个键是一个大写英文字母，所有的值均为 None。

【题目 2】 现有字典 dict2＝{'姓名':'李伟','性别':'男','身高':178,'体重':75}，编写程序循环输出：(1)dict2 中的所有键。(2)dict2 中的所有值。(3)dict2 中的所有键值对。

【题目 3】 自定义一个非空字典，用户通过键盘输入数据，判断输入的数据是否在字典中，若在，则删除对应的键值对，输出"已删除"；否则，输出"不存在"。

【题目 4】 通过键盘输入一个由任意字符组成的字符串，利用字典编写程序统计输入的字符串中每个字母的个数。

【题目 5】 已知有两个集合 setA 和 setB，分别存储了选择选修课 A 和选修课 B 的学生姓名，请自行创建这两个集合。计算并输出：

(1) 同时选择了 setA 和 setB 两门选修课的学生姓名和人数。

(2) 仅选择了选修课 A 而没有选择选修课 B 的学生姓名和人数。

(3) 仅选择了一门选修课的学生姓名和人数。

【题目 6】 通过键盘输入一个由任意字符组成的字符串，利用集合去重统计输入的字符串中字符种类的个数。

【题目 7】 上网下载英文文档，利用 wordcloud 生成词云图片文件。要求：

(1) 图片背景为白色。

(2) 图片尺寸为 400 像素×400 像素。

(3) 图片形状为任意卡通人物形状。

习　题　5

【选择题】

1. 下面选项中，能正确创建字典的是(　　　)。

    A. dict1＝{}.fromkeys((1,2))

    B. dict1＝{'a':1,['a','b']:2,'c':3}

    C. dict1＝{{1,2}:1}

    D. dict1＝dict([1,2],[3,4])

2. 下列数据类型中，不能作为字典的键的是(　　　)。

    A. 整数   B. 字符串   C. 列表   D. 元组

3. 设 A 和 B 为两个集合，下面选项中一定不能使 A 获得与 B 相同的值的操作是(　　　)。

    A. A＝B   B. A＝B.copy()

    C. A.update(B)   D. A＝B.get()

4. 下面关于字典的描述中错误的选项是(　　　)。

    A. 键值对中键必须是不可变的数据类型

  B. 一个字典中所有键值对的键必须是唯一的

  C. 字典中可以存储任意类型的数据

  D. 一个字典中所有键值对的值不允许重复

5. 下列语句执行的结果是(　　)。

```
1  a = {}.fromkeys("hello world!")
2  a.pop("o")
3  print(len(a))
```

  A. 8　　　　　　 B. 9　　　　　　 C. 10　　　　　　 D. 11

6. 下面程序的运行结果是(　　)。

```
1  A1 = {}
2  A1[1] = 1
3  A1[3] = 2
4  A1[3] += 2
5  print(A1[3])
```

  A. 1　　　　　　 B. 3　　　　　　 C. 4　　　　　　 D. 5

7. 下列命令中可以删除字典中的指定键值对的是(　　)。

  A. pop()　　　 B. popitem()　　　 C. clear()　　　 D. discard()

8. 集合 A＝{1,3,5,7,9}，集合 B＝{1,2,3,4,5}，A.symmetric_difference(B)的返回值是(　　)。

  A. {1,2,3,4,5,7,9}　　　　　　 B. {7,9}

  C. {1,3,5}　　　　　　　　 D. {2,4,7,9}

9. 下面程序的运行结果是(　　)。

```
1  A = set("aabbbcdeff")
2  A.discard('a')
3  print(len(A))
```

  A. 6　　　　　　 B. 5　　　　　　 C. 8　　　　　　 D. 9

10. 下列方法中可以应用于不可变集合的是(　　)。

  A. add()　　　 B. discard()　　　 C. copy()　　　 D. remove()

【判断题】

1. 字典中不通过键就可以直接访问某一个键值对中的值。   (　　)

2. 字典的值可以是集合。   (　　)

3. 可变集合可以作为字典的键。   (　　)

4. 可以修改字典中已有的键。   (　　)

5. 一个字典中的键是不允许重复的，但值可以重复。   (　　)

6. 一个字典中可以有两个相同的键值对。   (　　)

7. 集合中不能包含集合。   (　　)

8. {'a','b','c','d'}和{'c','a','d','b'}相等。   (　　)

9. 一个集合中元素的数据类型必须是一致的。   (　　)

10. 集合中不允许出现相同的元素。 （   ）

11. 集合的 pop() 方法可以删除指定元素。 （   ）

【填空题】

1. Python 中字典以_____为界限符,字典内的每个元素的两部分之间用_____连接。

2. 集合分为_____和_____两种类型,其中可以用 set() 函数创建的是_____。

3. 已知字典 D1＝{'a':1,'b':2,'c':3},把键'c'对应的值 3 改为 4 的命令是_____。

4. 已知字典 D1＝{'a':1,'b':2,'c':3},显示出 D1 中所有键值对采用的命令是_____。

5. 已知 D1 和 D2 是两个集合,用 D2 中的键值对更新 D1 的命令是_____。

6. 下面程序的运行结果是_____。

```
1  a1 = {}.fromkeys("123456789",1)
2  sum = 0
3  for k in a1:
4      sum += a1[k]
5  print(sum)
```

7. 创建一个空集合且赋值给变量 set1 的命令是_____。

8. 有两个元组,tup1＝('name','id','age'),tup2＝('张龙','001',19),请用一条语句将这两个元组转换为一个字典。生成的字典为:{'name': '张龙','id': '001','age': 19},这条语句为_____。

9. 下面程序的运行结果是_____。

```
1  set1 = {1,2,3,4}
2  set1.discard('1')
3  print(set1)
```

10. 若 A＝{1,3,5,7,9},B＝{1,2,3,4,5},则 A. intersection(B)＝_____,A. difference(B)＝_____。

【简答题】

1. 什么是空字典和空集合? 怎么创建?

2. 集合有哪两种类型? 如何创建?

3. 试述删除字典和集合中元素的方法,并比较相同点和不同点。

4. 试述字典与集合这两种类型的数据与列表、元组和字符串的区别。

5. 集合中的数据不允许重复,可以利用这一特性进行去重操作,试述如何利用集合把字符串中的数据进行去重。

第 6 章 　　　　函　　数

6.1 　函数的基本使用

函数是指一段完成某一功能的子程序、方法(面向对象的程序设计中)。可以通过函数名表示函数与函数调用。函数主要包括函数的定义与函数的使用。

使用函数主要完成两个目的:增加代码可读性与增加代码复用性。函数完成某种功能,利用函数可以将复杂的问题分解成一系列的小问题,分别解决每一个小问题,大的复杂性问题也就可以迎刃而解了。函数具有定义一次多次引用的特性,可以在一个程序中的多个位置引用多次,也可以在多个不同程序中反复引用。在需要对代码进行修改时只需要修改函数体,所有调用位置的功能也即同时发生变更,采用函数的程序设计减少了代码的重复,增加了程序的可读性,降低了代码的维护难度。

6.1.1 函数的定义

Python 定义函数使用 def 关键字,语法格式如下:

```
def functionname(<非可选参数列表>,<可选参数> = <默认值>):
    <函数体>
    return <返回值列表>
```

关于函数定义说明如下。

- 函数定义以 def 关键字开头,后接函数名称和圆括号()。
- <非可选参数列表>是函数的参数,放在函数名后面的圆括号内,参数之间用逗号分隔。
- <函数体> 一般用于完成函数的主要功能。
- 函数声明以冒号结束,函数体内需要缩进。
- return 语句用于结束函数,将返回值传递给调用语句。不带表达式的 return 语句返回 None 值。

需要说明的是,如果函数的参数是多个,默认情况下,函数调用时,传入的参数和函数定义时参数定义的顺序是一致的。

【例 6-1】 求阶乘函数,输入一个整数返回该数的阶乘。

```
1  def fact(n):
2      s = 1
3      for i in range(1,n + 1):
```

```
4          s * = i
5          return s
```

运行以上代码,不显示任何内容,也不会抛出异常,因为只是定义了函数 fact(),此函数并没有被调用。

6.1.2 函数的调用

函数通过函数名加上一组圆括号来调用,参数放在圆括号内,多个参数之间用逗号分隔。需要注意,Python 中的所有语句都是解释执行的,def 也是一条可执行语句。使用函数时,要求函数的调用必须在函数定义之后。

调用函数,即执行函数。如果把创建的函数理解为创建一个具有某种用途的工具,那么调用函数就相当于使用该工具。调用函数的语法格式如下:

functionname(<实际参数值>)

- functionname:函数名称,要调用的函数名称必须是已经创建好的。
- <实际参数值>:可选参数,用于指定相应的参数值。如果需要传递多个参数值,则各参数值使用逗号","分隔。如果该函数没有参数,则直接调用即可。

```
1   def fact(n):
2       s = 1
3       for i in range(1, n + 1):
4           s * = i
5       return s
6   print(fact(10))
```

在使用函数时可以提供不同的参数作为输入,这样每次调用时会产生不同的结果。

```
print(fact(64))
```

```
126886932185884164103433389335161480802865516174545192198801894375214704230400000000000000
```

【例 6-2】 输入动物名称和名字,输出宠物名和宠物种类。

```
1   #E6 - 2.py
2   def animalspecies(animals, name):
3       print(name + "是" + animals)
4   animalspecies("小狗", "娃娃")
5   animalspecies("小猫", "Tom")
```

程序运行结果如下:

```
娃娃是小狗
Tom 是小猫
```

函数的使用共分为以下 4 个步骤。

1. 函数定义

使用 def 关键字定义函数,同时需要确定函数名称、参数的个数、参数名称、并使用参数名称作为形式参数(占位符)编写函数内部代码。

2. 函数调用

通过函数名调用函数,并对函数的各个参数赋予实际值,实际值可以是实际数据,也可以是在调用函数前已经定义过的变量或表达式。

3. 函数执行

函数被调用后,使用实际参数(赋予形式参数的实际值)参与函数内部代码的运行,如果在函数运行过程有输出语句则进行输出。

4. 函数返回

函数执行结束后,根据 return 关键字的指示决定是否返回结果,如果返回结果,则结果将被放置到函数被调用的位置,函数使用完毕,程序继续运行。

编程中大量使用函数已经成为一种编程范式,叫作函数式编程。函数式编程的主要思想是把程序过程尽量写成一系列函数调用,这能够使代码编写更简洁、更易于理解。面向对象的编程模式把函数又称之为方法。

6.2 函数的参数和返回值

6.2.1 函数的参数

函数的参数在定义时可以指定默认值,当函数被调用时参数表中提供的参数称为实际参数,简称实参。Python 中的变量保存的是对象的引用,调用函数的过程就是将实参传递给形参的过程。函数调用时,实参可分为位置参数和赋值参数两种情况。

如果仅看通过实际调用而不看函数定义,很难理解这些参数的实际含义。在规模稍大的程序中,函数定义可能在函数库中,也可能与调用函数相距很远,因此可读性较差。

为了解决上述问题,Python 提供了按照形参名称输入实参的方式,这种参数称为赋值参数。

【例 6-3】 通过加权总分计算奖学金评比总分。

```
1   # E6 - 3.py
2   def calculationtotal(bio, eng, math, phy, chem):
3       return bio * 0.5 + eng * 1 + math * 1.2 + phy * 1 + chem * 1
4   print(calculationtotal(93, 97, 88, 76, 78))
5   print(calculationtotal(bio = 93, math = 88, eng = 97, phy = 76, chem = 78))
```

程序运行结果如下:

```
403.1
403.1
```

两种调用函数的方式输出结果相同,但是第一种参数顺序固定,在参数较多时参数混乱,代码可读性不强,第二种调用的方式可以调整参数的顺序(不建议),同时指明了每个参数的含义,代码的可读性有所提高。

6.2.2 默认参数

定义函数时,可以给函数的形式参数设置默认值,这种参数被称为默认参数。当调用函数时,由于默认参数在定义时已经被赋值,可以直接忽略,而其他参数是必须要传入值的。

如果默认参数没有传入值,则直接使用默认的值;如果默认参数传入了值,则使用传入的新值替代。

【例 6-4】 默认参数的应用。

```
1   # E6 - 4. py
2   def ask_ok(prompt, retries = 4, reminder = 'Please try again! '):
3       while True:
4           ok = input(prompt)
5           if ok in ('y', 'ye', 'yes'):
6               return True
7           if ok in ('n', 'no', 'nop', 'nope'):
8               return False
9           retries = retries - 1
10          if retries < 0:
11              raise ValueError('invalid user response')
12          print(reminder)
```

这个函数可以通过以下几种方式调用。

- 只给出必需的参数:ask_ok('Do you really want to quit?')
- 给出一个可选的参数:ask_ok('OK to overwrite the file?',2)
- 或者给出所有的参数:

ask_ok('OK to overwrite the file?',2,'Come on,only yes or no! ')

这个示例还介绍了 in 关键字。它可以测试一个序列是否包含某个值。

程序运行结果如下:

```
Do you really want to quit?y
OK to overwrite the file?n
OK to overwrite the file?ok
Come on, only yes or no!
OK to overwrite the file?ok
Come on, only yes or no!
OK to overwrite the file?y
```

在例 6-4 中,第 1~10 行代码定义了带有三个参数的 ask_ok()函数。其中,prompt 参数没有设置默认值,retries 作为默认参数已经设置了默认值。在调用 ask_ok()函数时,如果只传入 prompt 的参数值,程序会使用 retries 参数和 reminder 参数的默认值;如果同时传入了 prompt 和 retries 等参数的值,程序会使用传递参数的新值。

需要注意的是,带有默认值的参数一定要位于参数列表的最后,否则程序运行时会报告异常。

6.2.3 可变参数

在 Python 的函数中,可以定义可变参数在可变数量的参数之前,可能会出现零个或多个普通参数。可变参数是指在函数定义时,该函数可以接收任意个数的参数,参数的个数可能是 1 个、2 个或多个,也可能是 0 个。可变参数有两种形式:参数名称前加星号(*)或者

加两个星号(**)。定义可变参数的函数语法格式如下:

```
def functionname(formal_args, * args, * * kwargs):
    <函数体>
    return <返回值列表>
```

在上面的函数格式定义中,formal_args 为定义的传统参数,代表一组参数,* args 和 ** kwargs 为可变参数。函数传入的参数个数会优先匹配 formal_args 参数的个数,* args 以元组的形式保存多余的参数,** kwargs 以字典的形式保存带有指定名称形式的参数。

调用函数时,如果传入的参数个数与 formal_args 参数的个数相同,可变参数会返回空的元组或字典;如果传入参数的个数比 formal_args 参数的个数多,可以分为如下两种情况。

- 如果传入的参数没有指定名称,那么 * args 会以元组的形式存放这些多余的参数;
- 如果传入的参数指定了名称,如 score=90,那么 ** kwargs 会以字典的形式存放这些被命名的参数。

【例 6-5】 任意的参数列表,可变参数的应用。

```
1   # E6 - 5. py
2   def concat( * args, sep = "/"):
3       return sep. join(args)
4
5   print(concat("earth", "mars", "venus"))
6   print(concat("earth", "mars", "venus", sep = "."))
```

程序运行结果如下:

```
earth/mars/venus
earth. mars. venus
```

通常这些可变参数放置在形式参数列表的末尾,用于收集传递给函数的所有剩余参数。排序在可变参数之后的参数只能以赋值参数的形式出现。

例 6-5 中定义了 concat()函数。其中 * args 为可变参数。调用 concat()函数时,如果只传入 1 个参数,那么这个参数会从左向右匹配 * args 参数(自行测试)。调用 concat()函数时,如果传入多个参数(参数个数多于传统参数的个数,本例中是大于 1),从运行结果可以看出,多余的参数组成了一个元组,并在程序中遍历了这个元组,显示出更多的信息。

6.2.4 函数的返回值

Python 函数的返回值比较灵活,主要有三种形式:无返回值、单一返回值和多返回值。返回值可以是任何数据类型。return <表达式>语句用于退出函数,将表达式值作为返回值传递给调用方。不带参数值的 return 语句返回 None,None 表示没有实际意义的数据。在编写程序的过程中,尽可能保证返回值的类型相同,这样更方便程序的可读性。

【例 6-6】 函数的返回值,输入两个数返回较大数。

```
1   # E6 - 6. py
2   def maxvalue(arg1, arg2):
3       result = arg1
```

```
4        if arg1 < arg2:
5            result = arg2
6        return result
7    print(maxvalue(40,60))
8    print(maxvalue(80,60))
```

程序运行结果如下：

```
60
80
```

【例 6-7】 统计字符串中包含'e'的单词。

```
1    #E6 - 7.py
2    def findwords(sentence):
3        result = list()
4        words = sentence.split()
5        for word in words:
6            if word.find("e")!= - 1:
7                result.append(word)
8        return result
9    ss = "A paragraph's first line can be indented, the rest of the lines
10   can be indented, and the left and right sides can be indented."
11   print(findwords(ss))
```

程序运行结果如下：

```
['line','be','indented,','the','rest','the','lines','be','indented,','the','left','sides','be',
'indented.']
```

函数 findwords() 的参数是字符串,在函数体中定义了一个空列表 result,并对参数字符串进行拆分,生成的单词列表放在变量 words 中。遍历这个列表,将其中包含字符 e 的单词添加到列表 result 中,并将列表 result 作为函数的返回值。可以进一步修改程序,将单词中包含的字符也作为参数。

6.3 变量作用域

变量的作用域即变量起作用的范围,是 Python 程序设计中一个非常重要的问题。变量可以分为局部变量和全局变量,其作用域与变量是基本数据类型还是组合数据类型相关。

6.3.1 局部变量

局部变量是指定义在函数内的变量,其作用范围是从函数定义开始,到函数执行结束。局部变量定义在函数内,只在函数内使用,它与函数外具有相同名称的变量没有任何关系。不同的函数,可以定义相同名字的局部变量,并且各个函数内的变量不会产生影响。另外,函数的参数也是局部变量,其作用域是在函数执行期内。

【例 6-8】 变量作用域。

```
1    #E6 - 8.py
2    def messageoutput():
```

```
3       message = 'Python 程序设计'
4       print('输出信息：', message)
5   messageoutput()
6   #不能直接 print(message)
```

程序运行结果如下：

输出信息：Python 程序设计

此程序中可以通过调用 messageoutput() 来访问内部变量 message，但是不能直接通过 print() 函数显示局部变量内容，编译器会抛出异常。

6.3.2 全局变量

局部变量的生命生存周期只存在于声明它的函数内部。而全局变量可以在整个程序范围内访问。在函数体以外定义的变量是全局变量，它拥有全局作用域。全局变量可作用于程序中的多个函数。

【例 6-9】 变量作用域之全局变量。

```
1   # E6 - 9.py
2   message = 'Python 程序设计'
3   def messageoutput():
4       print('输出信息：', message)
5   messageoutput()
6   #可以直接通用 print(message) 显示全局变量内容
```

如果在函数中定义了与全局变量同名的变量，实质是定义了生命生存期存在于函数体内部的局部变量，但在实际写程序时并不建议这种定义方式，会造成混淆。

6.3.3 global 语句

全局变量不需要在函数内定义即可在函数内部读取。当在函数内部给变量赋值时，该变量将被 Python 视为局部变量，如果在函数中先访问全局变量，再在函数内声明与全局变量同名的局部变量的值，程序也会报告异常。为了在函数内部能够读写全局变量，Python 提供了 global 语句，用于在函数内部声明全局变量。

【例 6-10】 global 语句的应用。

```
1   # E6 - 10.py
2   basis = 100
3   def threenumbersadd(x, y):
4       global basis              #声明 basis 是函数外的全局变量
5       print(basis)              #100
6       basis = 90
7       sum = basis + x + y
8       return sum
9   print(threenumbersadd(75, 62))
10  print(basis)                  #90
```

因为在函数内部使用了 global 语句进行声明，所以代码中使用到的 basis 都是全局变量。需要说明的是,虽然 Python 提供了 global 语句,使得在函数内部可以修改全局变量的值,但从软件工程的角度,这种方式降低了软件质量,使程序的调试、维护变得困难,因此不建议在函数中修改全局变量或函数参数中的可修改对象。

6.4 lambda 函数

lambda 表达式本质上是一种匿名函数,匿名函数也是函数,具有函数类型,也可以创建函数对象。

定义 lambda 函数表达式语法如下:

```
lambda <参数列表>:< lambda 体>
```

lambda 是关键字声明,<参数列表>与函数的参数列表是一样的,但不需要用小括号括起来,冒号后面是< lambda 体>,lambda 表达式的主要代码编写于 lambda 体内,类似于函数体。lambda 体的函数只能用于定义简单的、能够在一行内表示的函数。

【例 6-11】 lambda 表达式的应用。

```
1   #E6 - 11.py
2   f = lambda x,y : x + y
3   print(type(f))
4   print(f(10,20))
```

程序运行结果如下:

```
< class 'function'>
30
```

lambda 体部分不能是一个代码块,不能包含多条语句,只能有一条语句,语句会计算结果返回给 lambda 表达式,但是与函数不同的是,不需要使用 return 语句返回。

6.5 time 库

time 库是 Python 标准库中用于处理时间的模块。time 库提供了一系列的操作时间的函数。利用这些函数可以完成程序计时、分析程序性能等与时间相关的功能。

使用 time 库的功能前,需要先用 import 导入。

调用 time 库中与当前时间有关的函数时,显示的结果会因系统当前时间不同而不同,因此读者在执行本节部分代码时可能会出现与书中给出的结果不一致的情况。

使用 time.time()函数获取当前时间戳。调用该函数,执行结果如下:

```
>>> time.time()
1685336061.3655891
```

注意:所谓时间戳,即从格林威治时间 1970 年 01 月 01 日 00 分 00 秒(北京时间 1970 年 01 月 01 日 08 时 00 分 00 秒)起至现在的总秒数。

使用 time.gmtime()函数获取当前时间戳对应的 struct_time 对象。调用该函数,执行结果如下：

```
>>> time.gmtime()
time.struct_time(tm_year = 2023, tm_mon = 5, tm_mday = 29, tm_hour = 4, tm_min = 55, tm_sec =
46, tm_wday = 0, tm_yday = 149, tm_isdst = 0)
```

元组 struct_time 是一类对象，在 Python 中定义了一个元组 struct_time 将所有这些变量组合在一起，包括：4 位数年、月、日、小时、分钟、秒等。struct_time 对象元素构成如表 6-1 所示。

表 6-1　struct_time 对象元素构成

序　号	属　性	值
0	tm_year	4 位年份
1	tm_mon	月
2	tm_mday	日
3	tm_hour	小时
4	tm_min	分钟
5	tm_sec	秒
6	tm_wday	一周第几日
7	tm_yday	一年第几日
8	tm_isdst	是否是夏令时

Python 中获取时间的常用方法是，先得到时间戳，再将其转换成想要的时间格式。

用 time.localtime()函数获取当前时间戳对应的本地时间的 struct_time 对象。调用并执行该函数，结果如下：

```
>>> time.localtime()
time.struct_time(tm_year = 2023, tm_mon = 5, tm_mday = 29, tm_hour = 12, tm_min = 56, tm_sec =
16, tm_wday = 0, tm_yday = 149, tm_isdst = 0)
```

有别于 time.gmtime()函数，time.localtime()函数的结果已经转化为北京时间。

使用 time.ctime()函数获取当前时间戳对应的本地时间，并转换为易读字符串表示，调用该函数，执行结果如下：

```
>>> time.ctime()
'Mon May 29 12:56:35 2023'
```

time 库使用 time.mktime()函数、time.strftime()函数、time.strptime()函数进行时间格式化。

使用 time.mktime(t)函数将 struct_time 对象 t 转换为时间戳，参数 t 代表当地时间。

调用 time.mktime(t)函数，执行结果如下：

```
>>> t = time.localtime()
>>> time.mktime(t)
1685336209.0
>>> time.ctime(time.mktime(t))
'Mon May 29 12:56:49 2023'
```

time. strftime()函数是时间格式化最有效的方法,可以通过多种通用格式输出时间。该函数利用一个格式字符串,对时间格式进行表示。

```
>>> t = time.localtime()
>>> t
time.struct_time(tm_year = 2023, tm_mon = 5, tm_mday = 29, tm_hour = 12, tm_min = 57, tm_sec =
17, tm_wday = 0, tm_yday = 149, tm_isdst = 0)
>>> time.strftime("%Y - %m - %d %H:%M:%S",t)
'2023 - 05 - 29 12:57:17'
```

strptime()函数与 strftime()函数正好相反,用于提取字符串中的时间来生成 strut_time 对象,可以很灵活地作为 time 模块的输入接口。

```
>>> t = "2023 - 08 - 28 18:39:20"
>>> time.strptime(t,"%Y - %m - %d %H:%M:%S")
time.struct_time(tm_year = 2023, tm_mon = 8, tm_mday = 28, tm_hour = 18, tm_min = 39, tm_sec =
20, tm_wday = 0, tm_yday = 240, tm_isdst = - 1)
```

上机练习 6

说明:创建程序文件完成下列练习。

【题目 1】 定义函数 summary(),此函数带有两个参数,函数返回两个参数的平方和。

【题目 2】 利用函数调用过程调用函数 summary()并给定 summary 的两个参数 100,200,返回两个参数的平方和并输出。

【题目 3】 完成函数 printmycoffee(),实现调用函数时给定不同参数完成不同效果的功能。具体如下:

调用函数:

```
printmycoffee('蓝山')
printmycoffee('蓝山','卡布奇诺')
printmycoffee('蓝山','卡布奇诺','美式')
```

输出结果:

```
我喜欢的咖啡有:
蓝山
```

```
我喜欢的咖啡有:
蓝山
卡布奇诺
```

```
我喜欢的咖啡有:
蓝山
卡布奇诺
美式
```

提示:定义过程可用可变参数 def printmycoffee(* coffeename):

函数内循环语句:

```
for item in coffeename:
    print(item)
```

【题目 4】 执行下列代码,体会可变参数的应用。

```
1  def fun_bmi_upgrade( * person):
2      '''功能:根据身高和体重计算 BMI 指数(升级版)
3       * person:可变参数,该参数中需要传递带 3 个元素的列表,
4      分别为姓名、身高(单位:米)和体重(单位:千克)
5      '''
6      for list_person in person:
7          for item in list_person:
8              person = item[0]                # 姓名
9              height = item[1]                # 身高(单位:米)
10             weight = item[2]                # 体重(单位:千克)
11             print("\n" + " = " * 13, person, " = " * 13)
12             print("身高:" + str(height) + "米 \t 体重:" + \
13             str(weight) + "千克")
14             # 用于计算 BMI 指数,公式为"体重/身高的平方"
15             bmi = weight/(height * height)
16             print("BMI 指数:" + str(bmi))    # 输出 BMI 指数
17             # 判断身材是否合理
18             if bmi < 18.5:
19                 print("您的体重过轻 ～@_@～")
20             if bmi >= 18.5 and bmi < 24.9:
21                 print("正常范围,注意保持 ( - _ - )")
22             if bmi >= 24.9 and bmi < 29.9:
23                 print("您的体重过重 ～@_@～")
24             if bmi >= 29.9:
25                 print("肥胖 ^@_@^")
26
27 list_w = [('绮梦',1.70,65),('零语',1.77,50),('黛兰',1.72,66)]
28 list_m = [('梓轩',1.80,75),('冷伊一',1.75,70)]
29 fun_bmi_upgrade(list_w ,list_m)              # 调用函数指定可变参数
```

【题目 5】 创建全局变量 x = 20,创建函数 whole(),在函数中调用全局变量 x 输出显示。

【题目 6】 调用 time()函数实现当前时间的显示。

习　题　6

【选择题】

1. 用来定义函数的语句是(　　)。

A. def　　　　　　B. return　　　　　　C. dim　　　　　　D. class

2. 下面代码的输出结果是(　　)。

```
1  meg = 'hello'
2  def printmeg():
3      meg = 'hi'
4  print(meg)
```

A. hello B. hi
C. 抛出异常 D. 0

3. 关于 global 关键字,以下说法正确的是( )。

A. 可以在函数内使用形如 global m＝10 的语句,将 m 声明为全局变量

B. 只有使用 global 声明的变量才是全局变量

C. global 关键字用于定义局部变量

D. 在函数内声明为 global 的变量为全局变量,在函数内对该全局变量的改变,可以反映到函数外

4. 下面代码的输出结果是( )

```
1  a = 100
2  def temp(x):
3      x = 50
4  print(temp(a),end = " ")
5  print(a)
```

A. None 50 B. 100 50
C. 50 100 D. None 100

5. 以下描述正确的是( )。

A. 函数中最多只有一个 return 语句 B. 函数必须至少有一个 return 语句
C. return 语句只能返回一个值 D. 函数可以没有 return 语句

6. 下面代码的输出结果是( )。

```
1  ma = lambda x,y :(x > y) * x + (x > y) * y
2  mi = lambda x,y : (x < y) * x + (x < y) * y
3  a = 10
4  b = 20
5  print(ma(a,b))
6  print(mi(a,b))
```

A. 0,30 B. 10,20
C. 10,10 D. 20,20

7. 关于 lambda 函数的说法错误的是( )。

A. lambda 函数也称为匿名函数

B. lambda 函数用于定义简单的、能够在一行内表示的函数

C. lambda 不是 Python 的保留字

D. lambda 函数可以没有参数

8. 函数 function()的参数设置如下,执行各选项的代码,运行时发出错误的是( )。

```
def function(x,y = 0,z = 0):
```

A. function(1,2,3) B. function(1,2)
C. function(1,,3) D. function(1)

9. 关于函数的参数传递,以下描述正确的是( )。

A. 函数定义时,可选参数可以放在非可选参数前面

B. 函数的参数只能按照默认位置的顺序方式传递给函数

C. 函数调用时,也支持按照参数名称方式传递参数,不需要一定保持参数传递顺序

D. 函数的参数只能是局部变量

10. 下面代码的输出结果是( )。

```
1  n = 20
2  def mul(x,y = 10):
3      global n
4      return x * y * n
5  s = mul(10,2)
6  print(s)
```

    A. 1024   B. 200   C. 40   D. 400

【填空题】

1. 用来定义函数的语句是_____。

2. 用 def 定义函数名和形式参数后,还需在该行行尾增加_____。

3. 函数的返回语句为_____。

4. Python 提供了_____语句,用于在函数内部声明全局变量。

5. 局部变量的生命生存周期只存在于声明它的函数_____。

6. lambda 体的函数只能用于定义简单的,能够在_____表示的函数。

7. 函数通过函数名加上一组圆括号来调用,参数放在圆括号内,多个参数之间用_____分隔。

8. 函数声明以冒号结束,函数体内每一行首需要_____。

9. 求面积函数 square()定义为 def square(r),结果返回圆面积。通常情况下,用调用该函数的方法求一个直径为 10 的圆面积的调用方法为:_____。

10. 可变参数有两种形式:_____前加星号(*)或者加两个星号(**)。

【判断题】

1. 函数定义中参数列表里面的参数是实际参数,简称实参。 ( )

2. 参数列表中传入函数内部的参数称为形式参数,简称形参。 ( )

3. 函数在调用时,将形参复制给函数的实参。 ( )

4. 函数运算结束后,函数内部的局部变量被释放。 ( )

5. 参数的值是否改变与函数中对变量的操作有关,与参数类型也有关。 ( )

6. 在调用函数过程中,函数的参数一定要与函数定义时的形式参数顺序一致。 ( )

7. lambda 函数表达式本质上是一种匿名函数,匿名函数也是函数,具有函数类型,也可以创建函数对象。 ( )

8. lambda 函数表达式可以创建函数对象,可以在表达式内编写多条语句。 ( )

9. 如果在函数中定义了与全局变量同名的变量,实质是定义了生命生存期存在于函数体内部的局部变量。 ( )

10. 如果默认参数没有传入值,则直接使用默认的值;如果默认参数传入了值,则使用传入的新值替代。 ( )

【简答题】

1. 简述函数的定义方式及语句描述。

2. 函数的使用步骤是怎样的？

3. 一般什么情况下会使用可变参数？

4. 函数是否必须内部有返回值？如果函数没有 return 语句,那么函数的执行结果是什么？如何体现在执行过程中？

5. 全局变量与局部变量有何区别？变量的生存期有何不同？

第 7 章　文　件

文件是存储在外部介质上用文件名标识的数据集合。文件操作是一种基本的输入输出方式，Python 程序可以从文件中读取数据，也可以向文件中写入数据。文件是计算机数据的基本保存方式，操作系统以文件为单位对数据进行管理，文件系统是高级语言普遍采用的数据管理方式。用户在对文件进行处理时，可以操作文件内容，也可以管理文件目录。本章介绍 Python 的文件操作，重点包括文件的概念、文件的读写操作、文件的目录管理等内容。

7.1　文件的相关概念

文件是数据的集合，以文本、图像、音频、视频等形式保存在计算机的外部存储介质上。根据文件的存储格式不同，可以将文件分为文本文件和二进制文件两种形式。

7.1.1　文本文件和二进制文件

文本文件由字符组成，这些字符按 ASCII 码、UTF-8 或者 Unicode 等格式编码，文件内容方便查看和编辑。Windows 记事本创建的 .txt 格式的文件就是典型的文本文件，以 .py 为扩展名的 Python 源文件、以 .html 为扩展名的网页文件等都是文本文件。文本文件可以由多种编辑软件创建、修改和读取，常见的软件是记事本和 UltraEdit 等。

二进制文件存储的是由 0 和 1 组成的二进制编码。二进制文件内部数据的组成部分与文件用途有关。典型的二进制包括 BMP 格式的图片文件、AVI 格式的视频文件、各种计算机语言程序编译后生成的文件等。二进制文件和文本文件最主要的区别在于编码格式，二进制文件只能按字节处理，文件读写的是 bytes 字符串。

不管是文本文件还是二进制文件，都可以用文本方式和二进制方式打开，但是打开后的操作不同。

7.1.2　文本文件的编码

编码是用数字来表示符号和文字的方法，是符号、文字存储和显示的基础。文本文件的保存通常是按某种编码对文件内容进行加密后，存储在外部存储介质上的操作。文件的读取通常是按其编码对文件进行解密后，存储在内部存储器的操作。文件的写入通常是把新的内容按所需编码从内部存储器中写入到外部存储器中的操作。

最早的编码方式是 ASCII 码，即美国信息交换标准代码，仅对 10 个数字、26 个大写英文字母、26 个小写英文字母及一些常用符号进行了编码。基本 ASCII 码采用 7 位编码，因此最多只能表示 128 个字符。

随着信息技术的发展,汉语、日语、阿拉伯语等不同语系的文字需要进行编码,于是又有了 UTF-8、Unicode、GB2312、GBK 等格式的编码。要特别强调的是,采用不同的编码方式意味着将同一字符存入文件时,写入的内容可能不同。Python 程序读取文件时,一般需要指定读取文件的编码方式,否则程序运行时可能出现异常。

UTF-8 编码是国际通用的编码方式,用 8 位(1 字节)表示英语(兼容 ASCII 码)以 24 位(3 字节)表示中文及其他语言,UTF-8 对全世界所有国家所使用的字符进行编码。若文件使用了 UTF-8 编码格式,在任何语言平台下(如中文操作系统、英文操作系统、日文操作系统等)都可以显示不同国家的文字。Python 语言源代码默认的编码方式是 UTF-8。

GB2312 编码是中国制定的中文编码,用 1 字节表示英文字符,用 2 字节表示汉字字符。GBK 是对 GB2312 的扩充。Unicode 是国际标准化组织制定的可以容纳世界上所有文字和符号的字符编码方案,它是编码转换的基础。编码转换时,先把一种编码的字符串转成 Unicode 编码的字符串,然后转换成其他编码的字符串。

7.1.3 文本文件与二进制文件的区别

文本文件是基于字符编码的文件,常见的编码是 ASCII 码、UTF-8 和 Unicode,其文件的内容是字符。文本文件用通用的记事本就可以浏览,可以直接阅读,存取时需要编解码,要花费一定的转换时间。

二进制文件是基于值编码的文件,没有编码,存储的是二进制数据,数据是按照其实际占用的字符数来存储的,不能直接阅读,不需要编解码,不存在转换时间。

7.1.4 文件指针的概念

文件指针是文件操作的重要概念,Python 用指针表示当前读写位置。在文件读写过程中,文件指针的位置是自动移动的,可以使用 tell()方法测试文件指针的位置,用 seek()方法移动指针。

以只读方式打开文件时,文件指针指向文件开头,向文件中写数据或追加数据时,指针指向文件末尾。通过设置文件指针的位置,可以实现文件的定位读写。

7.2 文件的使用

无论是文本文件还是二进制文件,进行文件的读写操作时,都需要先打开文件,使用结束后再关闭文件。打开文件是指将文件从外部介质读取到内存中,文件被当前程序占用,其他程序不能操作这个文件。在某些写文件的模式下,打开不存在的文件时可以创建文件,文件操作之后需要关闭文件,释放程序对文件的控制,将文件内容存储到外部介质,其他程序将能够操作这个文件。

7.2.1 打开文件

Python 用内置的 open()方法来打开文件,并创建一个文件对象。open()方法的语法格式如下:

```
< myfile > = open(< filename >[,< mode >])
```

其中，myfile 为引用文件的变量；filename 为用字符串描述的文件名，可以包含文件的存储路径；mode 为文件读写模式，通过读写模式指明将要对文件采取的操作。文件读写模式如表 7-1 所示。

表 7-1　文件读写模式

读写模式	说　明
r	以只读模式打开文件，默认值。以该模式打开的文件必须存在，如果不存在，将报告异常
r+	以读写模式打开文件。以该模式打开的文件必须存在，如果不存在，将报告异常
w	以写模式打开文件。文件如果已存在，则清空内容后重新创建文件
w+	以读写模式打开文件。文件如果已存在，则清空内容后重新创建文件
a	以追加的方式打开文件，写入的内容追加到文件尾。以该模式打开的文件如果已经存在，不会清空，否则新建一个文件
a+	以读写模式打开文件。如果该文件已存在，文件的指针将会放在文件的结尾，否则新建一个文件
rb	以二进制读模式打开文件，文件指针将会指向文件的开头
wb	以二进制写模式打开文件
ab	以二进制追加模式打开文件
rb+	以二进制读写模式打开文件。文件指针将会指向文件的开头
wb+	以二进制读写模式打开文件。如果该文件已存在，则将其覆盖；如果该文件不存在，则创建新文件
ab+	以二进制读写模式打开文件。如果该文件已存在，则文件指针将会指向文件的结尾；如果该文件不存在，则创建新文件用于读写

【例 7-1】　以各种模式打开文件。

```
#默认以只读方式打开,文件不存在时报告异常
>>> file1 = open("readme.txt")
Traceback (most recent call last):
  File "<pyshell#1>", line 1, in <module>
    file1 = open("readme.txt")
FileNotFoundError: [Errno 2] No such file or directory: 'readme.txt'
>>> file2 = open("s1.py",'r')
#以读写方式打开,指明文件路径
>>> file3 = open("d:\\python36\\test.txt","w+")
#以读写方式打开二进制文件
>>> file4 = open("tu3.jpg","ab+")
```

7.2.2　关闭文件

close() 方法用于关闭文件。通常情况下，Python 操作文件时，使用内存缓冲区缓存文件数据。关闭文件时，Python 将缓存的数据写入文件，然后关闭文件，释放对文件的引用。下面的代码将关闭文件：

```
file.close()
```

flush() 方法可将缓冲区内容写入文件，但不关闭文件，调用方法如下：

```
file.flush()
```

7.3　文件的读写操作

当文件被打开后,根据文件的访问模式可以对文件进行读写操作。Python 程序可以从文件中读取数据,也可以向文件中写入数据。文件被广泛应用于用户和计算机的数据交换。用户在文件处理过程中,可以操作文件内容,也可以管理文件目录。

当文件被打开后,根据文件的访问模式可以对文件进行读写操作。如果文件是以文本文件方式打开的,默认情况下,程序按照当前操作系统的编码方式来读写文件,也可以指定编码方式来读写文件;如果文件是以二进制文件方式打开的,则按字节流方式读/写。表 7-2 给出了文件的读写方法。

表 7-2　文件的读写常用方法

方　法	说　明
read([size])	读取文件全部内容,如果给出参数 size,则读取 size 长度的字符或字节
readline([size])	读取文件一行内容,如果给出参数 size,则读取当前行 size 长度的字符或字节
readlines([hint])	读取文件的所有行,返回行所组成的列表。如果给出参数 hint,则读取第 hint 字符所在行
write(str)	将字符串 str 写入文件
writelines(seq_of_str)	写多行到文件,参数 seq_of_str 为可迭代的对象

7.3.1　读取文件数据

Python 提供了一组读取文件数据的方法。本节代码访问的文件是当前文件夹下的文本文件 test.txt,文件内容如下:

```
Hello Python!
Python 提供了一组读取文件内容的方法.访问当前文件夹下的文本文件 test.txt;本文件是文本文件,默认编码格式为 ANSI
```

1. read()方法

【例 7-2】　使用 read()方法读取文本文件的内容。

```
1  ♯E7 - 2.py
2  f = open("test.txt","r")
3  str1 = f.read(13)
4  print(str1)
5  str2 = f.read()
6  print(str2)
7  f.close()
```

程序运行结果如下:

```
Hello Python!

Python 提供了一组读取文件内容的方法.访问当前文件夹下的文本文件 test.txt;本文件是文本文件,默认编码格式为 ANSI
```

程序以只读方式打开文件，先读取 13 个字符到变量 str1 中，打印 str1 值"Hello Python!"；第 5 行的 f.read()命令读取从文件当前指针处开始的全部内容。可以看出，随着文件的读取，文件指针在变化。下面的代码也将显示文件的全部内容，文件读取从开始到结束。

```
1  f = open("test.txt","r")
2  str2 = f.read()
3  print(str2)
4  f.close()
```

2. readlines()方法和 readline()方法

readlines()方法一次性读取所有行，如果文件很大，会占用大量的内存空间，读取时间也会较长。

【例 7-3】 使用 readlines()方法读取文本文件的内容。

```
1  #E7 - 3.py
2  f = open("test.txt","r")
3  flist = f.readlines()        #flist 是包含文件内容的列表
4  print(flist)
5  for line in flist:           #使用 print(line,end = "")将不显示文件中的空行
6      print(line)
7  f.close()
```

第 4 行代码运行结果如下：

```
['Hello Python!\n', 'Python 提供了一组读取文件内容的方法.访问当前文件夹下的文本文件 test.txt;\n', '本文件是文本文件,默认编码格式为 ANSI\n']
```

第 5 行和第 6 行代码运行结果如下：

```
Hello Python!

Python 提供了一组读取文件内容的方法.访问当前文件夹下的文本文件 test.txt;本文件是文本文件,默认编码格式为 ANSI
```

程序将文本文件 test.txt 的全部内容读取到列表 flist 中，这是第一部分的显示结果；为了更清晰地显示文件内容，用 for 循环遍历列表 flist，这是第二部分显示的结果。因为原来文本文件每行都有换行符"\n"，用 print()语句打印时，也包含了换行，所以第二部分运行时，行和行之间增加了空行。

readline()方法可以逐行读取文件内容，在读取过程中，文件指针后移。

【例 7-4】 使用 readline()方法读取文本文件的内容。

```
1  #E7 - 4.py
2  f = open("test.txt","r")
3  str1 = f.readline()
4  while str1!= "":             #判断文件是否结束
5      print(str1)
6      str1 = f.readline()
7  f.close()
```

3. 遍历文件

Python 将文件看作由行组成的序列,可以通过迭代的方式逐行选取文件。

【**例 7-5**】 以迭代方式读取文本文件的内容。

```
1  ♯E7 - 5.py
2  f = open("test.txt","r")
3  for line in f:
4      print(line,end = "")
5  f.close()
```

上面所有示例中访问的 test.txt 是一个文本文件,默认为 ANSI 编码方式。如果读取一个 Python 源文件,程序运行时将报告异常,原因是 Python 源文件的编码方式是 UTF-8。例如,打开文件"E7-2.py",应指定文件的编码方式,相应的代码应修改如下:

```
open("E7 - 2.py","r",encoding = "utf - 8")
```

7.3.2 向文件写数据

write()方法用于向文件中写入字符串,同时文件指针后移;writelines()方法用于向文件中写入字符串序列,这个序列可以是列表、元组或集合等。使用该方法写入序列时,不会自动增加换行符。

【**例 7-6**】 使用 write()方法向文件中写入字符串。

```
1  ♯E7 - 6.py
2  fname = input("请输入追加数据的文件名: ")
3  f1 = open(fname,"w + ")
4  f1.write("向文件中写入字符串\n")
5  f1.write("继续写入")
6  f1.close()
```

程序运行后,根据提示输入文件名,向文件中写入两行数据。如果文件不存在,则自动建立文件并写入内容。

【**例 7-7**】 使用 writelines()方法向文件中写入数据。

```
1   ♯E7 - 7.py
2   f1 = open("D:\\pythonfile36\\data7.dat","a")
3   lst = ["HTML5","CSS3","JavaScript"]
4   tup1 = ('2012','2010','1990')
5   m1 = {"name":"John","City":"SH"}
6   f1.writelines(lst)
7   f1.writelines('\n')
8   f1.writelines(tup1)
9   f1.writelines('\n')
10  f1.writelines(m1)
11  f1.close()
```

程序运行后,在"D:\pythonfile36\"文件夹下生成文件"data7.dat",此文件可以用记事本打开,内容如下:

```
HTML5CSS3JavaScript
201220101990
nameCity
```

7.3.3 文件的定位读写

前面介绍的文件读写是按顺序逐行进行的。在实际应用中，如果需要读取某个位置的数据，或向某个位置写入数据，需要定位文件的读写位置，包括获取文件的当前位置，以及定位到文件的指定位置。下面介绍两种定位方式。

1. 获取文件当前的读写位置

文件的当前位置就是文件指针的位置。tell()方法可以获取文件指针的位置并返回结果。

后续示例使用的 test.txt 文件内容如下，该文件存放在当前文件夹(D:\pythonfile36\)下。

```
Hello Python!
Python 提供了一组读取文件内容的方法.本文件是文本文件,默认编码格式为 ANSI
```

【例 7-8】 使用 tell()方法获取文件当前的读写位置。

```
>>> file = open("D:\\pythonfile36\\test.txt","r + ")
>>> str1 = file.read(6)                        # 读取 6 个字符
>>> str1
'Hello'
>>> file.tell()                                # 文件当前位置
6
>>> file.readline()                            # 从当前位置读取本行信息
'Python! \n'
>>> file.tell()                                # 文件当前位置
15
>>> file.readlines()
['Python 提供了一组读取文件内容的方法. \n', '本文件是文本文件,默认编码格式为 ANSI']
>>> file.tell()                                # 文件长度为 87 字节
87
>>> file.close()
```

2. 移动文件读写位置

文件在读写过程中，指针会自动移动。调用 seek()方法可以手动移动指针，其语法格式如下：

```
file.seek(offset[,whence])
```

其中，offset 是移动的偏移量，单位为字节，值为正数时向文件尾方向移动文件指针，值为负数时向文件头方向移动文件指针；whence 指定文件指针从何处开始移动，当使用二进制模式打开文件时，值为 0 时从起始位置移动，值为 1 时从当前位置移动，值为 2 时从结束位置移动；当使用非二进制模式打开文件时，只允许从文件头开始计算相对位置，设置非 0 的 whence 值会产生异常。

【例 7-9】 使用 seek()方法移动文件指针位置。

```
>>> file = open("D:\\pythonfile36\\test.txt","r+")
>>> file.seek(6)
6
>>> str1 = file.read(8)
>>> str1
'Python!\n'
>>> file.tell()
15
>>> file.seek(6)
6
>>> file.write("@@@@@@@")
7
>>> file.seek(0)
0
>>> file.readline()
'Hello @@@@@@@\n'
```

7.3.4 读写二进制文件

读写文件的 read()方法和 write()方法也适用于二进制文件,但二进制文件只能读写 bytes 字符串。默认情况下,二进制文件是顺序读写的,可以使用 seek()方法和 tell()方法 移动和查看文件的当前位置。

1. 读写 bytes 字符串

传统字符串加前缀 b 构成了 bytes 对象,即 bytes 字符串,可以写入二进制文件。整型、 浮点型、序列等数据类型如果要写入二进制文件,需要先转换为字符串,再使用 bytes()方法 转换为 bytes 字符串,之后再写入文件。

【例 7-10】 向二进制文件读写 bytes 字符串。

```
>>> fileb = open(r"D:\pythonfile36\\ch7\\mydata.dat",'wb')
#以'wb'方式打开二进制文件
>>> fileb.write(b"Hello Python")    #写 bytes 字符串
12
>>> n = 123
>>> fileb.write(bytes(str(n),encoding = 'utf-8'))
#将整数转换为 bytes 字符串写入文件
3
>>> fileb.write(b"\n3.14")
5
>>> fileb.close()
#以'rb'方式打开二进制文件
>>> file = open(r"D:\pythonfile36\\ch7\\mydata.dat",'rb')
>>> print(file.read())
b'Hello Python123\n3.14'
>>> file.close()
#以'r'方式打开二进制文件
>>> filec = open(r"D:\pythonfile36\\ch7\\mydata.dat",'r')
>>> print(filec.read())
Hello Python123
3.14
>>> filec.close()
```

2. 读写 Python 对象

如果直接用文本文件格式或二进制文件格式存储 Python 中的各种对象,通常需要进行烦琐的转换,可以使用 Python 标准模块 pickle 处理文件中对象的读和写。

用文件存储程序中的对象称为对象的序列化。pickle 是 Python 语言的一个标准模块,可以实现 Python 基本的数据序列化和反序列化。pickle 模块的 dump()函数用于序列化操作,能够将程序中运行的对象信息保存到文件中,永久存储;而 pickle 模块的 load()函数用于反序列化操作,能够从文件中读取对象。

【例 7-11】 使用 pickle 模块的 dump()函数和 load()函数读写 Python 对象。

```
>>> lst1 = ["read","write","tell","seek"]              #列表对象
>>> dict1 = {"type1":"TextFile","type2":"BinaryFile"}  #字典对象
>>> fileb = open(r"D:\pythonfile36\\ch7\\mydata.dat",'wb')  #写入数据
>>> import pickle
>>> pickle.dump(lst1,fileb)
>>> pickle.dump(dict1,fileb)
>>> fileb.close()                                       #读取数据
>>> fileb = open(r"D:\pythonfile36\\ch7\mydata.dat",'rb')
>>> fileb.read() b'\x80\x03]q\x00(X\x04\x00\x00\x00readq\x01X\x05\x00\x00\x00writeq\x02X\
x04\x00\x00\x00tellq\x03X\x04\x00\x00\x00seekq\x04e.\x80\x03}q\x00 (X\x05\x00\x00\
x00type1q\x01X\x08\x00\x00\x00TextFileq\x02X\x05\x00\x00\ x00type2q\x03X\ n\x00\x00\
x00BinaryFileq\x04u.'
>>> fileb.seek(0)                                       #文件指针移动到开始位置
0
>>> x = pickle.load(fileb)
>>> y = pickle.load(fileb)
>>> x,y
(['read','write','tell','seek'],{'type1':'TextFile','type2':'BinaryFile'})
```

7.4 文件和目录操作

前面介绍的文件读写操作主要是对文件内容的操作,而查看文件属性、复制和删除文件、创建和删除目录等属于文件和目录操作范畴。

7.4.1 常用的文件操作函数

os 模块和 os.path 模块提供了大量的操作文件名、文件属性、文件路径的函数。

1. os.path 模块常用的文件处理函数

表 7-3 列出了 os.path 模块常用的文件处理函数,参数 path 是文件名或目录名,文件保存位置是"D:\pythonfile36\test.txt"。

表 7-3 os.path 模块常用的文件处理函数

函　　数	说　　明	示　　例
abspath(path)	返回 path 的绝对路径	>>> os.path.abspath('test.txt') 'D:\\pythonfile36\\test.txt'
dirname(path)	返回 path 的目录。与 os.path.split(path)的第一个元素相同	>>>>> os.path.dirname('D:\\pythonfile36\\test.txt') 'D:\\ pythonfile36'

函　　数	说　　明	示　　例
exists(path)	如果 path 存在,则返回 True;否则返回 False	>>> os. path. exists('D:\\pythonfile36') True
getatime(path)	返回 path 所指向的文件或者目录的最后存取时间	>>> os. path. getatime('D:\\pythonfile36') 1518846173. 556209
getmtime(path)	返回 path 所指向的文件或者目录的最后修改时间	>>> os. path. getmtime('D:\\ pythonfile36\\test. txt') 1518845768. 0536315
getsize(path)	返回 path 文件的大小(字节)	>>> os. path. getsize('D:\\pythonfile36\\test. txt') 120
isabs(path)	如果 path 是绝对路径,则返回 True	>>> os. path. isabs('D:\\ pythonfile36') True
isdir(path)	如果 path 是一个存在的目录,则返回 True,否则返回 False	>>> os. path. isdir('D:\\ pythonfile36') True
isfile(path)	如果 path 是一个存在的文件,则返回 True,否则返回 False	>>> os. path. isfile('D:\\pythonfile36') False
split(path)	将 path 分隔成目录和文件名二元组并返回	>>> os. path. split(''D:\\pythonfile36\\test. txt') ('D:\\pythonfile36','test. txt')
splitext(path)	分离文件名与扩展名,默认返回(fname,fextension)元组,可做分片操作	>>> os. path. splitext('D:\\pythonfile36\\test. txt') (''D:\\pythonfile36\\test','. txt')

2. os 模块常用的文件处理函数

表 7-4 给出了 os 模块常用的文件处理函数,参数 path 是文件名或目录名,文件保存位置是"D:\pythonfile36\test. txt"。os 模块常用的文件处理功能将在下一节中介绍。

表 7-4　os 模块常用的文件处理函数

函　　数	说　　明
os. getcwd()	当前 Python 脚本的工作路径
os. listdir(path)	返回指定目录下的所有文件和目录名
os. remove(file)	删除参数 file 指定的文件
os. removedirs(path)	删除指定目录
os. rename(old,new)	文件 old 重命名为 new
os. mkdir(path)	创建单个目录
os. stat(path)	获取文件属性

7.4.2　文件的复制、删除、重命名操作

1. 文件的复制

无论是二进制文件还是文本文件,文件读写都以字节为单位进行。在 Python 中复制文件可以使用 read()函数与 write()函数编程来实现,还可以用 shutil 模块的函数实现。shutil 模块是一个文件、目录的管理接口,该模块的 copyfile()函数可以实现文件的复制。

【例 7-12】　使用 shutil. copyfile()函数复制文件。

```
>>> import shutil
>>> shutil.copyfile("test.txt",'testb.py')
'testb.py'
```

以上代码执行时,如果源文件不存在,将报告异常。

2. 文件的删除

文件的删除可以使用 os 模块的 remove()函数实现,编程时可以使用 os.path.exists()
函数来判断删除的文件是否存在。

【例 7-13】 删除文件。

```
1   #E7 - 13.py
2   import os,os.path
3   fname = input("请输入需要删除的文件名:")
4   if os.path.exists(fname):
5       os.remove(fname)
6   else:
7       print("{}文件不存在".format(fname))
```

3. 文件的重命名

文件的重命名可以通过 os 模块的 rename()函数实现。例 7-14 提示用户输入要更名的
文件名,如果文件不存在,将退出程序;还需要输入更名后的文件名,如果这个文件名已存
在,也将退出程序。

【例 7-14】 文件重命名。

```
1   #E7 - 14.py
2   import os,os.path,sys
3   fname = input("请输入需要更名的文件:")
4   gname = input("请输入更名后的文件名:")
5   if not os.path.exists(fname):
6       print("{}文件不存在".format(fname))
7       sys.exit(0)
8   elif os.path.exists(gname):
9       print("{}文件已存在".format(gname))
10      sys.exit(0)
11  else:
12      os.rename(fname,gname)
13  print("rename success")
```

7.4.3 文件的目录操作

目录即文件夹,是操作系统用于组织和管理文件的逻辑对象。在 Python 程序中常见
的目录操作包括创建目录、重命名目录、删除目录和查看目录中文件等内容。

【例 7-15】 目录操作的命令。

```
>>> import os
>>> os.getcwd()                    #查看当前目录
'D:\\pythonfile36'
>>> os.listdir()                   #查看当前目录中的文件
```

```
['ch00512.py','ch00515.py','ch00520.py','ch00702.py','ch00703.py','ch00704.py','ch00705.py',
'ch00706.py','ch00707.py','ch00708.py','ch05','ch0711.py','m4.py','m7.py','test.txt','test2.txt',
'yfile.py','pycache ']
>>> os.mkdir('myforder')                          # 创建目录
>>> os.makedirs('yourforder/f1/f2')               # 创建多级目录
>>> os.rmdir('myforder')                          # 删除目录(目录必须为空)
>>> os.removedirs('yourforder/f1/f2')             # 删除多级目录
>>> os.makedirs('aforder/ff1/ff2')
>>> import shutil
>>> shutil.rmtree('yourforder')                   # 删除存在内容的目录
```

7.5　CSV 文件格式读写数据

CSV(Comma-Separated Value,逗号分隔值)格式是一种通用的、相对简单的文本文件格式,通常用于在程序之间交换表格数据,被广泛应用于商业和科学领域。

7.5.1　CSV 文件简介

1. CSV 文件的概念和特点

CSV 文件是一种文本文件,由任意数目的行组成,一行称为一条记录。记录间以换行符分隔;每条记录由若干数据项组成,这些数据项被称为字段。字段间的分隔符通常是逗号,也可以是制表符或其他符号。通常,所有记录都有完全相同的字段序列。

CSV 格式的文件一般使用.csv 为扩展名,可以通过 Windows 平台上的记事本或 Excel 软件打开,也可以在其他操作系统平台上用文本编辑工具打开。常用的表格数据处理工具(如 Excel)都可以将数据另存为或导出为 CSV 格式,用于不同工具间的数据交换。

CSV 文件的特点如下:

- 读取出的数据一般为字符类型,如果要获得数值类型,需要用户完成转换。
- 以行为单位读取数据。
- 列之间以半角逗号或制表符为分隔符,一般为半角逗号。
- 每行开头无空格,第一行是属性列,数据列之间用分隔符分开,无空格,行之间无空行。

2. CSV 文件的建立

CSV 文件是纯文本文件,可以使用记事本按照 CSV 文件的规则来建立。更方便地建立 CSV 文件的方法是使用 Excel 软件录入数据,另存为 CSV 文件即可。本节示例使用的 score.csv 文件内容如下,该文件保存在用户的工作文件夹下。

```
Name,DEP,Eng,Math,Chinese
Rose,法学,89,78,65
Mike,历史,56,,44
John,数学,45,65,67
```

3. Python 的 csv 库

Python 提供了一个读写 CSV 文件的标准库,可以通过 import csv 语句导入。csv 库包含了操作 CSV 文件最基本的功能,典型的方法是 csv. reader() 和 csv. writer(),分别用于读和写 CSV 文件。

因为 CSV 文件格式相对简单,读者也可以自行编写操作 CSV 文件的方法。

7.5.2 读写 CSV 文件

1. 数据的维度描述

CSV 文件主要用于数据的组织和处理。根据数据表示的复杂程度和数据间关系的不同,可以将数据划分为一维数据、二维数据和多维数据等 3 种类型。

一维数据即线性结构,也叫线性表,表现为 n 个数据项组成的有限序列。这些数据项之间体现为线性关系,即除了序列中第 1 个元素和最后一个元素之外,序列中的其他元素都有一个前驱和一个后继。在 Python 中,可以用列表、元组等描述一维数据。下面是对一维数据的描述:

```
lst1 = ['a','b','1',100]
tup1 = (1,3,5,7,9)
```

二维数据也称为关系,与数学中的二维矩阵类似,用表格方式组织。用列表和元组描述一维数据时,如果一维数据中的每个数据项又是序列,就构成了二维数据。下面是用列表描述的二维数据。

```
lst2 = [[1,2,3,4],['a','b','c'],[-9,-37,100]]
```

更典型的二维数据用表来描述,如表 7-5 所示。

表 7-5　用二维表描述的数据

Name	DEP	Eng	Math	Chinese
Rose	法学	89	78	65
Mike	历史	56		44
John	数学	45	65	67

二维数据可以理解为特殊的一维数据,通常更适合用 CSV 文件存储。

多维数据由键值对类型的数据构成,采用对象方式组织,属于维度更高的数据组织方式,下面是用元组组织的多维数据。

```
tup2 = (((1,2,3),(-1,-2,-3),('a','b','c')),((-100,-200),('ab','bc')))
```

多维数据以键值对方式的表示如下:

```
"成绩单":[
        {"姓名":"Rose",
        "专业":"法学",
        "score":"78"
        }
        {"姓名":"Mike",
        "专业":"历史",
        "score":"78"
```

```
        }
      {"姓名":"John",
       "专业":"数学",
       "score":"90"
        }
]
```

其中,数据项 score 可以进一步用键值对形式描述,形成多维的复杂数据。

2. 写入和读取一维数据

用列表变量保存一维数据,可以使用字符串的逗号分隔形式,再通过文件的 write()方法保存到 CSV 文件中。读取 CSV 文件中的一维数据,即读取一行数据,使用文件的 read()方法读取即可,也可以将文件的内容读取到列表中。

【例 7-16】 将一维数据写入 CSV 文件,并读取。

```
1   #E7 - 16.py
2   #向 CSV 文件中写入一维数据并读取
3   lst1 = ["name","age","school","address"]
4   filew = open('asheet.csv','w')
5   filew.write(",".join(lst1))
6   filew.close()
7   filer = open('asheet.csv','r')
8   line = filer.read()
9   print(line)
10  filer.close()
```

3. 写入和读取二维数据

csv 库中的 reader()函数和 writer()函数提供了读写 CSV 文件的操作功能。需要注意的是,在写入 CSV 文件的方法中,指定 newline=""选项,可以防止向文件中写入空行。在例 7-17 的代码中,在文件操作时使用 with 上下文管理语句,当文件处理完毕后,将会自动关闭。

【例 7-17】 CSV 文件中二维数据的读写。

```
1   #E7 - 17.py
2   #使用 csv 库写入和读取二维数据
3   datas = [['Name','DEP','Eng','Math','Chinese'],
4   ['Rose','法学',89,78,65],
5   ['Mike','历史',56,'',44],
6   ['John,数学',45,65,67]
7   ]
8   import csv
9   filename = 'bsheet.csv'
10  with open(filename,'w',newline = "") as f:
11      writer = csv.writer(f)
12      for row in datas:
13          writer.writerow(row)
14  ls = []
15  with open(filename,'r') as f:
16      reader = csv.reader(f)
17      #print(reader)
```

```
18        for row in reader:
19            print(reader.line_num,row)                    #行号从 1 开始
20            ls.append(row)
21        print(ls)
```

程序的运行结果如下,第一部分是逐行打印二维数据,并打印行号;第二部分打印的是
列表。

```
>>>
['Name','DEP','Eng','Math','Chinese']
['Rose','法学','89','78','65']
['Mike','历史','56','','44']
['John',' 数 学 ','45','65','67']
[['Name','DEP','Eng','Math','Chinese'],['Rose','法学 ','89','78','65'],
['Mike','历史','56','','44'],['John','数学','45','65','67']]
>>>
```

上面的结果中包括了列表的符号,也包括了数据项外面的引号,下面进一步处理。

【例 7-18】 处理 CSV 文件的数据,显示整齐的二维数据。

```
1   #E7-18.py
2   #使用内置 CSV 模块写入和读取二维数据
3   datas = [['Name','DEP','Eng','Math','Chinese'],
4   ['Rose','法学',89,78,65],
5   ['Mike','历史',56,'',44],
6   ['John','数学',45,65,67]
7   ]
8   import csv
9   filename = 'bsheet.csv'
10  str1 = ''
11  with open(filename,'r') as f:
12      reader = csv.reader(f)
13      #print(reader)
14      for row in reader:
15          for item in row:
16              str1 += item + '\t'               #增加数据项间距
17          str1 += '\n'                          #增加换行
18          print(reader.line_num,row)           #行号从 1 开始
19      print(str1)
```

代码运行结果如下:

```
>>>
1 ['Name','DEP','Eng','Math','Chinese']
2 ['Rose','法学','89','78','65']
3 ['Mike','历史','56','','44']
4 ['John','数学','45','65','67']
Name DEP Eng Math Chinese
Rose 法学    89      78      65
Mike 历史    56              44
John 数学    45      65      67
>>>
```

7.6 JSON 文件的操作

JSON(JavaScript Object Notation)是一种轻量级的数据交换格式。它基于 ECMAScript 的一个子集。JSON 采用完全独立于语言的文本格式,但是也使用了类似于 C 语言家族的习惯(包括 C、C++、Java、JavaScript、Perl、Python 等)。这些特性使 JSON 成为理想的数据交换语言。易于人阅读和编写,同时也易于机器解析和生成(一般用于提升网络传输速率)。JSON 在 Python 中分别由 list 和 dict 组成。Python 的 json 模块有两个常见的功能:dumps 和 loads,如表 7-6 所示。

表 7-6 JSON 常用函数

函　　数	描　　述
json. dumps	将 Python 对象编码成 JSON 字符串
json. loads	将已编码的 JSON 字符串解码为 Python 对象

使用 JSON 函数需要导入 json 库: import json。通过 Python 的 json 模块,可以将字符串形式的 JSON 数据转化为字典,也可以将 Python 中的字典数据转化为字符串形式的 JSON 数据。

7.6.1 json. dumps 函数的使用

该函数是将 Python 对象编码成 JSON 字符串。语法格式如下:

json. dumps(obj, skipkeys = False, ensure_ascii = True, check_circular = True, allow_nan = True, cls = None, indent = None, separators = None, encoding = "utf − 8", default = None, sort_keys = False, ∗∗ kw)

【例 7-19】 将 Python 中的字典转换为字符串。

```
1   ♯E7 − 19. py
2   import json
3   test_dict = {'bigberg': [7600, {1: [['iPhone', 6300], ['Bike', 800],
4   ['shirt', 300]]}]}
5   print(test_dict)
6   print(type(test_dict))
7   ♯dumps 将数据转换成字符串
8   json_str = json.dumps(test_dict)
9   print(json_str)
10  print(type(json_str))                    ♯将字符串转换为字典
11  new_dict = json.loads(json_str)
12  print(new_dict)
13  print(type(new_dict))
```

上例中的字典转换为了字符串。在 JSON 的编码过程中,存在从 Python 原始类型向 JSON 类型的转化过程,具体的转化对照如表 7-7 所示。

表 7-7 Python 原始类型向 JSON 类型的转化对照表

Python	JSON	Python	JSON
dict	object	str,unicode	string
list,tuple	array	int,long,float	number

续表

Python	JSON	Python	JSON
True	true	None	null
False	false		

7.6.2　json.loads 函数的使用

json.loads 用于解码 JSON 数据。该函数返回 Python 字段的数据类型。语法格式如下：

```
json.loads(s[, encoding[, cls[, object_hook[, parse_float[, parse_int[, parse_constant
[, object_pairs_hook[, **kw]]]]]]]])
```

【例 7-20】　使用 json.loads()函数把 JSON 串变成 Python 的数据类型。

文件 product.json 的原文件内容如下：

```
{
    "iphone":{
        "color":"red",
        "num":1,
        "price":98.5
    },
    "wather":{
        "num":100,
        "price":1,
        "color":"white"
    }
}
```

把 JSON 串变成 Python 的数据类型：

```
1    import json
2    f = open('product.json', encoding = 'utf - 8')
3    #打开'product.json'的 JSON 文件
4    res = f.read()              #读文件
5    print(json.loads(res))
6    #把 JSON 串变成 Python 的数据类型:字典
```

上例中的 JSON 字符串转换为 Python 的字典。在 JSON 的解码过程中，存在从 JSON 类型向 Python 原始类型的转化过程，具体的转化对照如表 7-8 所示。

表 7-8　JSON 类型转换到 Python 的类型对照表

JSON	Python	JSON	Python
object	dict	number（real）	float
array	list	true	True
string	unicode	false	False
number（int）	int,long	null	None

7.7 pydoc 文件操作

pydoc 是 Python 自带的一个文档生成工具,使用 pydoc 可以很方便地查看类和方法结构,pydoc 模块可以从 Python 代码中获取 docstring,然后生成帮助信息。pydoc 是 Python 自带的模块,主要用于从 Python 模块中自动生成文档。这些文档可以基于文本呈现的,也可以生成 Web 页面的,还可以在服务器上以浏览器的方式呈现。

这里先提供如下 Python 源文件(文件名为 fkmodule.py):

```python
MY_NAME = 'C 语言中文网'
def say_hi(name):
    '''
    定义一个打招呼的函数
    返回对指定用户打招呼的字符串
    '''
    print("执行 say_hi 函数")
    return name + '您好!'
def print_rect(height, width):
    '''
    定义一个打印矩形的函数
    height - 代表矩形的高
    width - 代表矩形的宽
    '''
    print(('*' * width + '\n') * height)
class User:
    NATIONAL = 'China'
    '''
    定义一个代表用户的类
    该类包括 name、age 两个变量
    '''
    def __init__(self, name, age):
        '''
        name 初始化该用户的 name
        age 初始化该用户的 age
        '''
        self.name = name
        self.age = age
    def eat (food):
        '''
        定义用户吃东西的方法
        food - 代表用户正在吃的东西
        '''
        print('%s 正在吃 %s' % (self.name, food))
```

上面代码定义了一个 fkmodule.py 源文件,也就是定义了一个 fkmodule 模块,该模块为函数、类和方法都提供了文档说明。下面将会示范如何使用 pydoc 来查看、生成该模块的文档。

7.7.1 pydoc 在控制台中查看文档

先看如何使用 pydoc 模块在控制台中查看 HTML 文档。使用 pydoc 模块在控制台中查看帮助文档的命令如下:

python – m pydoc 模块名

上面命令中的-m 是 Python 命令的一个选项，表示运行指定模块，此处表示运行 pydoc 模块。后面的"模块名"参数代表程序要查看的模块。

例如，在 fkmodule.py 文件所在目录下运行如下命令：

python – m pydoc fkmodule

上面命令表示使用 pydoc 查看 fkmodule 模块的命令。运行该命令，将看到如图 7-1 所示的输出结果。

图 7-1　使用 pydoc 模块在控制台中查看文档

按下空格键，pydoc 将会使用第二屏来显示文档信息，如图 7-2 所示。

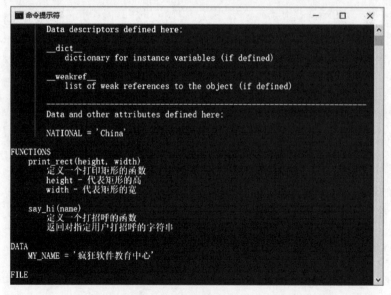

图 7-2　使用 pydoc 查看文档的第二屏信息

直接在控制台中以分屏的形式查看指定模块的帮助信息并不方便,下面介绍使用 pydoc 为指定模块生成 HTML 文档。

7.7.2 pydoc 生成 HTML 文档

使用 pydoc 模块在控制台中查看帮助文档的命令如下:

```
python - m pydoc - w 模块名
```

上面命令主要就是为 pydoc 模块额外指定了-w 选项,该选项代表 write,表明输出 HTML 文档。例如,在 fkmodule. py 所在目录下运行如下命令:

```
python - m pydoc - w fkmodule
```

运行上面命令,可以看到系统生成"wrote fkmodule. html"提示信息。接下来可以在该目录下发现额外生成了一个 fkmodule. html 文件,使用浏览器打开该文件,可以看到如图 7-3 所示的页面。

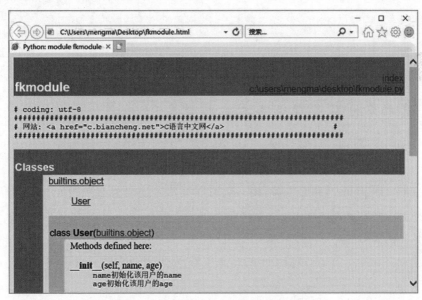

图 7-3 使用 pydoc 生成的 HTML 文档

将图 7-3 所示的页面拉到下面,可以看到如图 7-4 所示的信息。

从图 7-3 和图 7-4 所示的页面来看,该 HTML 页面与在控制台中查看的文档信息基本相同,区别在于,由于这是一个 HTML 页面,因此用户可以拖动滑块来上下滚动屏幕,以方便查看。

需要说明的是,pydoc 还可用于为指定目录生成 HTML 文档。例如,通过如下命令为指定目录下的所有模块生成 HTML 文档:

```
python3 - m pydoc - w 目录名
```

但上面命令有一个缺陷,那就是当该命令工具要展示目录下子文件的说明时,会去子目录下找对应的. html 文件,如果文件不存在,就会显示 404 错误。如果真的要查看指定目录下所有子目录中的文档信息,则建议启动本地服务器来查看。

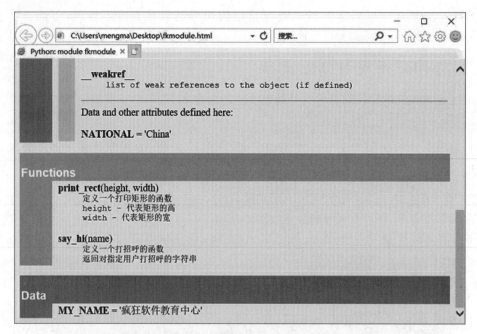

图 7-4　使用 pydoc 生成的文档的第二屏信息

7.7.3　启动本地服务器来查看文档信息

启动本地服务器来查看文档信息，可以使用如下两个命令：

python3 – m pydoc – p 端口号

在指定端口启动 HTTP 服务器，接下来用户可以通过浏览器来查看 Python 所有模块的文档信息：

python3 – m pydoc – b

在任意一个未占用的端口启动 HTTP 服务器，接下来用户同样可以通过浏览器来查看 Python 所有模块的文档信息。

例如，在文件当前所在目录下运行如下命令：

python – m pydoc – p 8899

该命令工具将会显示如下输出信息：

Server ready at http://localhost:8899/
Server commands: [b]rowser, [q]uit

上面的输出信息提示 HTTP 服务器正在 8899 端口提供服务器，用户可以输入 b 命令来启动浏览器（实际上用户可以自行启动浏览器），也可以输入 q 命令来停止服务器。打开浏览器访问 http://localhost:8899/，将会看到如图 7-5 所示的页面。

从图 7-5 可以看出，该页面默认显示了当前 Python 的所有模块。其中：

第一部分显示 Python 内置的核心模块。

第二部分显示当前目录下的所有模块，此处显示的就是 fkmodule 模块。

第三部分显示 d:\python_module 目录下的所有模块，此时在该目录下并未包含任何

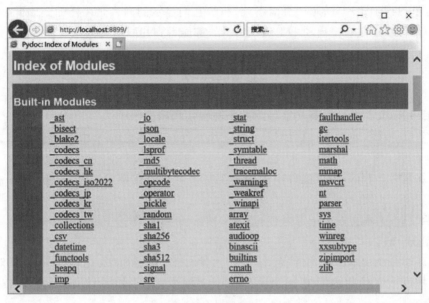

图 7-5　模块列表

模块。pydoc 之所以显示该目录，是因为本机配置了 PYTHONPATH 环境变量，其值为 .;d:\python_module，因此 pydoc 会自动显示该目录下的所有模块。换而言之，第三部分用于显示 PYTHONPATH 环境变量所指定路径下的模块。

　　如果读者将图 7-5 所示的页面向下拉，将会依次看到 Python 系统在 D:\Python\Python36\DLLs、D:\Python\Python36\lib、D:\Python\Python36\lib\site-packages 路径下的所有模块。如果要查看指定模块，只要单击图 7-5 所示页面中的模块链接即可。例如，单击图 7-5 所示页面中的 fkmodule 模块链接，将会看到如图 7-6 所示的页面。

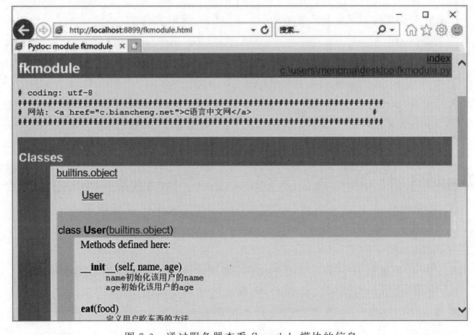

图 7-6　通过服务器查看 fkmodule 模块的信息

对比图 7-4 与图 7-6 所示的页面不难发现,它们显示的内容是一样的。因此,无论是生成 HTML 页面,还是直接启动 HTTP 服务器,都能看到相同的文档页面。

上机练习 7

【题目 1】 文本文件中英文字母的大小写转换程序。

(1) 建立一个文本文件,文件名是:张三小写.txt,内容是你的姓名拼音,要求全部使用小写字母。

(2) 编写一个程序,把该文件中的所有英文小写字母转换成大写,复制到另一文件中,文件名是:张三大写.txt。

【题目 2】 文本文件中指定内容的复制、粘贴、删除操作。一个文件中的指定单词删除后,复制到另一个文件中。

(1) 新建一个文本文件,文件名是"北京大学.txt",内容为"Beijing University"。

(2) 把以上文件的内容复制到另外一个文件中,文件名是"辽宁大学.txt",同时把 Beijing 改为 Liaoning,最终内容为"Liaoning University"。

(3) 把北京大学.txt 文件中的内容复制到一个新的文件中,文件名是"辽宁.txt",内容为"Liaoning"。

习　题　7

【选择题】

1. 文件的(　　)打开模式,当文件不存在时,使用 open()方法打开文件会报告异常。

    A. 'r'　　　　　　　　B. 'a'　　　　　　　　C. 'w'　　　　　　　　D. 'w+'

2. file 是文本文件对象,下列选项中,(　　)用于读取文件的一行。

    A. file.read()　　　　　　　　　　　　B. file.readline(80)

    C. file.readlines()　　　　　　　　　　D. file.readline()

3. 下列方法中,用于获取当前目录的是(　　)。

    A. os.m dir()　　　　　　　　　　　　B. os.listdir()

    C. os.getcwd()　　　　　　　　　　　D. os.mkdir(path)

4. 下列语句中,myfile.data 文件的目录是(　　)。

```
open("myfile.data","ab")
```

    A. C 盘根目录　　　　　　　　　　　B. 由 path 路径指明

    C. Python 安装目录　　　　　　　　　D. 与程序文件在相同的目录

5. 下列说法,错误的是(　　)。

    A. 以'w'模式打开一个可读写的文件,如果文件存在会被覆盖

    B. 使用 write()方法写入文件时,数据会追加到文件的末尾

    C. read()方法可以一次性读取文件中的所有数据

    D. readlines()方法可以一次性读取文件中的所有行

6. 当打开一个不存在的文件时，以下选项中描述正确的是(　　)。

    A. 一定会报错

    B. 不存在的文件无法打开

    C. 根据打开类型不同，可能不报错

    D. 文件不存在则创建新文件

7. 以下选项中，不是 Python 对文件的读操作方法的是(　　)。

    A. read   B. reads   C. readline   D. readlines

【填空题】

1. Python 用_____表示当前读写位置。

2. Python 用_____方法关闭文件。

3. _____是 Python 自带的一个文档生成工具，可以很方便地查看类和方法结构。

4. _____是理想的数据交换语言，易于人们阅读和编写，同时也易于机器解析和生成。

5. _____格式是一种通用的、相对简单的文本文件格式，通常用于在程序之间交换表格数据。

6. _____模块提供了大量的操作文件名、文件属性、文件路径的函数。

7. 文件在读写过程中，指针会自动移动。调用_____方法可以手动移动指针。

【简答题】

1. 常用的文本文件编码方式有哪几种？汉字在不同的编码中各占几字节？

2. 列出任意 4 种文件访问模式，说明其含义。

3. 文本文件和二进制文件在读写时有什么区别？请举例说明。

4. readlines()方法和 readline()方法在读取文本文件时主要区别是什么？

第8章 Python 第三方库安装及常用库

作为生态语言，Python 拥有很多个第三方库，这些强大、丰富的库函数功能让 Python 语言几乎无所不能。本章将重点介绍第三方库的下载、安装方法，以及常见第三方库的使用方法。

8.1 Python 第三方库的安装

Python 语言中的第三方库与标准库不同，它必须安装后才能使用。安装第三方库的常见方法有三种：pip 工具安装、自定义安装和文件安装，下面逐一介绍。

8.1.1 pip 工具安装

pip 是 Python 语言的内置命令，但是它在 IDLE 环境下不能运行，只能通过命令行程序执行，因此用户需要运行 cmd.exe 程序。这是一个 32 位的命令行程序，类似于微软的 DOS 操作系统，广泛地存在于 Windows 操作系统中。用户可以在"搜索程序"文本框中输入字符"cmd"，就能进入 cmd.exe 程序中，如图 8-1 所示。用户可以在系统提示符下输入相关命令进行各种操作及测试。

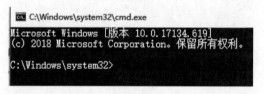

图 8-1 cmd.exe 程序界面

pip 支持安装(install)、下载(download)、卸载(uninstall)、查找(search)、查看(show)、显示(list)等一系列安装及维护子命令。

1. 下载并安装第三方库

命令：pip install <拟安装的第三方库名称>

功能：pip 工具默认从网络上下载要安装的第三方库，并自动安装到系统中。

部分库下载后会显示安装进度条及剩余的安装时间，用户需要耐心等待。如果成功安装了某个第三方库，系统会出现"Successfully installed…"的提示信息，如图 8-2 所示。

图 8-2 安装 pandas 库示意图

2. 更新已安装的库

命令：`pip install -U pip`

功能：某个第三方库文件安装后，随着版本的更新，可能需要重新安装最新版本，使用 pip 命令及-U 标签就可以完成更新操作，如图 8-3 所示。

```
C:\Windows\system32>pip install -U pip
Requirement already up-to-date: pip in c:\users\administrator\appdata
\local\programs\python\python37-32\lib\site-packages (19.1.1)
```

图 8-3　更新成功示意图

3. 显示已经安装的第三方库

命令：`pip list`

功能：列出当前系统中已经安装的第三库的名称，所有的第三方库以英文字母排序全部列出，如图 8-4 所示，此图只截取一部分库的名称。

4. 卸载第三方库

命令：`pip uninstall <拟卸载的第三方库名称>`

功能：卸载某个第三方库，在卸载过程中需要用户进一步确认是否卸载。

5. 下载第三方库

命令：`pip download <拟下载的第三方库名称>`

功能：下载第三方库，但是并不安装。

6. 显示某个已安装的库信息

命令：`pip show <拟显示的第三方库名称>`

功能：显示某个已安装的库的详细信息，包括库名称、版本号、作者、位置、作者邮箱等，如图 8-5 所示。

```
C:\Windows\system32>pip list
Package           Version
----------------- --------
backcall          0.1.0
bleach            3.1.0
colorama          0.4.1
cycler            0.10.0
decorator         4.3.0
defusedxml        0.5.0
entrypoints       0.3
ipykernel         5.1.0
ipython           7.2.0
ipython-genutils  0.2.0
ipywidgets        7.4.2
jedi              0.13.2
jieba             0.39
Jinja2            2.10
jsonschema        2.6.0
jupyter           1.0.0
jupyter-client    5.2.4
jupyter-console   6.0.0
jupyter-core      4.4.0
```

图 8-4　部分已安装的第三方库

```
C:\Windows\system32>pip show wordcloud
Name: wordcloud
Version: 1.5.0
Summary: A little word cloud generator
Home-page: https://github.com/amueller/word_cloud
Author: Andreas Mueller
Author-email: t3kcit+wordcloud@gmail.com
License: MIT
Location: c:\users\administrator\appdata\local\programs\python
\python37-32\lib\site-packages
Requires: numpy, pillow
Required-by:
```

图 8-5　wordcloud 库信息

8.1.2　自定义安装

自定义安装是指用户根据系统提示信息，按照相关操作步骤和方式根据自身需求有选择地安装相关第三方库资源，例如相关代码及文档。

自定义通常适合 pip 中没有登记或安装失败的第三方库。

176

8.1.3　文件安装

很多第三方库在首次安装时总是报错,错误的原因不尽相同,有的是因为 pip 版本的问题(例如,用户半年前安装了 Python 最高版本,当时并没有安装某个第三方库。半年后,想安装该库,这时原系统版本已经升级,并且与最新的第三方库要求的版本不一致);有的是因为运行该库所依赖的文件缺失(例如,很多第三方库仅提供源代码,使用 pip 工具下载后无法在 Windows 系统中编译安装)。

为了解决上述问题,帮助用户获取可以直接安装的第三方库,用户可以访问 https://www.lfd.uci.edu/~gohlke/pythonlibs。

这个页面列出常见的第三方库,并以英文字母顺序排序。以下载 wordcloud 第三方库为例,页面显示如图 8-6 所示。

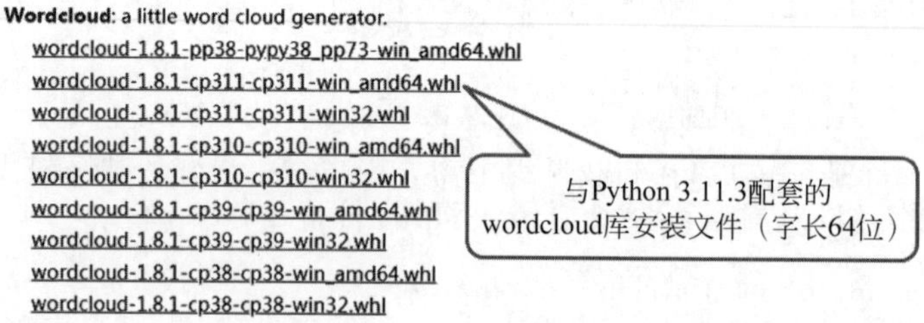

Wordcloud: a little word cloud generator.
wordcloud-1.8.1-pp38-pypy38_pp73-win_amd64.whl
wordcloud-1.8.1-cp311-cp311-win_amd64.whl
wordcloud-1.8.1-cp311-cp311-win32.whl
wordcloud-1.8.1-cp310-cp310-win_amd64.whl
wordcloud-1.8.1-cp310-cp310-win32.whl
wordcloud-1.8.1-cp39-cp39-win_amd64.whl
wordcloud-1.8.1-cp39-cp39-win32.whl
wordcloud-1.8.1-cp38-cp38-win_amd64.whl
wordcloud-1.8.1-cp38-cp38-win32.whl

与 Python 3.11.3配套的 wordcloud库安装文件(字长64位)

图 8-6　wordcloud 可供下载的版本列表

用户一定要下载与自己 Python 系统对应的版本,例如,作者的机器是 intel64 位,Python 版本为 Python 3.11.3,就要选择与图示一致的 wordcloud 库文件进行下载,否则无法安装成功。如果用户不知道自己机器中安装的 Python 系统的版本,可以在 cmd 命令行中输入字符"python"就可以立刻获得版本号。

下载过程中系统要求选择下载路径,需要说明的是,尽量不要选择放在桌面上,因为桌面路径不好描述,可以选择放在 D 盘或 F 盘的根目录下,为后续输入命令提供便利条件。

接下来,在 cmd.exe 程序中输入如下命令:

```
:\> pip install f:\ wordcloud 1.8.1 cp311 cp311 win_amd64.whl
…
Successfully install wordcloud-1.8.1
```

8.1.4　pyinstaller 库的使用

pyinstaller 库是一个非常有用的第三方库,它能够在多种操作系统平台(Windows、Linux、mac OS 等)下将 Python 源文件打包成可执行文件。由于源文件被打包,即使机器中没有安装 Python 环境,也可以将源文件作为独立文件进行管理与传递。

获取 pyinstaller 库的网址是 http://www.pyinstaller.org/。

用户可以使用 pip 命令在 cmd.exe 中输入如下命令:

```
:> pip intall pyinstaller
```

1. pyinstaller 库的使用方法

假设在 D 盘根目录下有一个文件 python_test,将该文件打包成可执行文件,需要在

cmd.exe 中输入如下命令：

```
:> pyinstaller    D:\python_test.py
```

执行完成后,将会生成 dist 和 build 两个文件夹(文件生成位置与 cmd 起始位置有关)。其中,build 目录是 pyinstaller 存储临时文件的目录,可以安全删除。最终的打包程序在 dist 内部的 Python_test 文件夹下。目录中其他文件是可执行文件 Python_test.exe 的动态链接库。

需要注意的是,由于 pyinstaller 库不支持源文件名中存在英文句号".",因此在文件路径中不允许出现空格和英文句号。另外,源文件必须是 UTF-8 编码类型,因此采用 IDLE 编写的文件都必须要保存为 UTF-8 编码形式才能正常使用。

2. pyinstaller 库的参数

pyinstaller 库提供了一些参数,如表 8-1 所示,其中-F 参数最常用。在使用过程中,只需要将 pyinstaller 的参数输入在 cmd.exe 命令行中即可：

```
:> pyinstaller    - F    D:\python_test.py
```

表 8-1   pyinstaller 的参数

参　数	功　能
-h 或--help	查看帮助
-v 或--version	查看 Pyinstaller 的版本
-F 或--onefile	在 dist 文件夹中只生成一个 exe 文件
-i 或--iron	改变生成文件中的图标
-p	添加搜索路径,让其找到对应的库

8.2　数据分析与图表绘制

numpy 是 Numerical Python 的简称,是高性能科学计算和数据分析的基础库。matplotlib 是 Python 的一个 2D 绘图库,使用它可以快速绘制数据分析常用的直方图、功率谱、条形图、散点图等图表。numpy 通常与 matplotlib 一起使用,用于替代传统的 Matlab 计算平台,实现数据分析与图表绘制。

numpy 和 matplotlib 库均属于第三方库,使用之前需要安装相应的库模块,并进行如下的导入：

```
>>> import numpy as np
>>> import matplotlib.pyplot as plt
```

8.2.1　numpy 库

numpy 库提供了高效的数值处理功能,可以方便地实现数组和矩阵处理、三角函数运算、基本数值统计、随机和概率分布、傅里叶变换操作等。本小节介绍 numpy 库基本的功能,包括数组的创建、索引与切片,以及常用的数学与统计分析函数。

1. numpy 的 ndarray 数组类

在 numpy 库中,最重要的数据结构是多维数组类型(numpy.ndarray)。数组的所有元素必须是相同类型的数据,这一点与 Python 原生支持的 List 类型有所不同。ndarray 数组的主要属性如下。

- ndarray.ndim:数组的维数。
- ndarray.shape:数组各维的大小,对一个 m 行 n 列的矩阵来说,shape 为 (m,n)。
- ndarray.size:数组元素的总数。
- ndarray.dtype:数组中每个元素的类型,可以是 numpy.int32,numpy.int16,and numpy.float64 等。

2. 创建数组

numpy 库中常用的创建数组的函数如表 8-2 所示。由于之前使用 import numpy as np 导入了 numpy 库,这里我们使用 np 代替 numpy,后同,不再赘述。

表 8-2　numpy 中常用的创建数组函数

函　　数	说　　明
np. array([x,y,z][,dtype])	用 Python 的列表或元组创建数组,类型由 dtype 指定
np. arange(x,y,i)	以 i 为步长,创建一个由 x 到 y 的数组
np. linspace(x,y,n)	创建一个由 x 到 y,等分为 n 个元素的数组
np. indices((m,n))	创建一个 m 行 n 列的数组
np. random. rand(m,n)	创建一个 m 行 n 列的随机数组
np. eye((n))	创建一个 n 行 n 列的单位数组
np. ones((m,n)[,dtype])	创建一个 m 行 n 列的全 1 数组
np. zeros((m,n)[,dtype])	创建一个 m 行 n 列的全 0 数组

【例 8-1】　数组创建方法与数组属性举例。

```
>>> import numpy as np
>>> np. array([1,2,3,4])            #用列表创建一维数组
array([1, 2, 3, 4])
>>> np. array((1,2,3,4),float)      #用元组创建一维数组
array([1., 2., 3., 4.])
>>> np. arange(10)                  #用 arange 创建数组
array([0, 1, 2, 3, 4, 5, 6, 7, 8, 9])
>>> np. arange(2,10,2)              #用 arange 创建数组
array([2, 4, 6, 8])
>>> np. linspace(0,10,5)            #用 linspace 创建等分数组
array([ 0. ,  2.5,  5. ,  7.5, 10. ])
>>> np. indices((2,3))             #用 indices 创建标记数组
array([[[0, 0, 0],
       [1, 1, 1]],

      [[0, 1, 2],
       [0, 1, 2]]])
>>> np. eye(3)                      #用 eye 创建单位矩阵
array([[1., 0., 0.],
       [0., 1., 0.],
       [0., 0., 1.]])
>>> x = np. array([[1,2,3],[4,5,6]])   #用列表创建二维数组
```

```
>>> x
array([[1, 2, 3],
    [4, 5, 6]])
>>> x.ndim                       ♯数组 x 的维度
2
>>> x.shape                      ♯数组 x 各维度的大小
(2, 3)
>>> x.size                       ♯数组 x 包含的元素个数
6
>>> x.dtype                      ♯数组 x 中元素的类型
dtype('int32')
```

3. 数组的索引与切片

ndarray 数组的下标是从 0 开始的。与 Python 中列表和其他序列一样，一维数组可以进行索引、切片和迭代操作。多维数组可以每个维度有一个索引，这些索引由一个逗号分隔的元组给出。表 8-3 给出了 ndarray 数组的索引和切片方法。注意：数组切片得到的是原始数组的视图，对切片的任何修改都会直接作用到原始数组。

表 8-3   ndarray 数组的索引和切片方法

方　　法	说　　明
x[i]	索引第 i 个元素
x[-i]	从后向前索引第 i 个元素
x[m:n]	从第 m 个元素索引到第 n 个元素，不包括 n
x[m:n:i]	按步长 i，从第 m 个元素索引到第 n 个元素，不包括 n
x[-n:-m]	从后向前索引，结束位置为 m

【例 8-2】 数组索引与切片举例。

```
>>> import numpy as np
>>> list1 = [0, 1, 8, 27, 64, 125, 216]        ♯一维数组举例
>>> a = np.array(list1)
>>> a
array([  0,   1,   8,  27,  64, 125, 216])
>>> a[2]                                        ♯索引
8
>>> a[2:6]                                      ♯切片
array([  8,  27,  64, 125])
>>> a[2:6:2]                                    ♯以 2 为步长的切片
array([ 8, 64])
>>> a[2:6:2] = 5                                ♯改变切片的值
>>> a
array([  0,   1,   5,  27,   5, 125, 216])      ♯数组值相应改变
b = np.array([[10,20,30],[40,50,60],[70,80,90]]) ♯二维数组举例
>>> b
array([[10, 20, 30],
    [40, 50, 60],
    [70, 80, 90]])
>>> b[1,2]
60
>>> b[1]                                        ♯第一行元素
array([40, 50, 60])
```

```
>>> b[:,2]                          #第二列元素
array([30, 60, 90])
>>> b[1:3,1:2]
array([[50],
       [80]])
```

4. 数组元素级运算及函数

大小相等的两个数组可以进行元素级别的算术运算和比较运算。这些运算可以直接用算术和比较运算符实现，也可以用 numpy 库提供的函数来实现。常用函数如表 8-4 所示。

表 8-4   numpy 库常用算术运算及比较运算函数

函　　　数	说　　　明
np. add(x,y[,z])	z＝x＋y，数组对应元素相加
np. subtract(x,y[,z])	z＝x－y，数组对应元素相减
np. multiply(x,y[,z])	z＝x＊y，数组对应元素相乘
np. divide(x,y[,z])	z＝x/y，数组对应元素相除
np. equal(x,y[,z])	z＝x＝＝y，结果为布尔型数组
np. not_equal(x,y[,z])	z＝x!＝y，结果为布尔型数组
np. greater(x,y[,z])	z＝x＞y，结果为布尔型数组
np. greater_equal (x,y[,z])	z＝x＞＝y，结果为布尔型数组
np. less(x,y[,z])	z＝x＜y，结果为布尔型数组
np. less_equal(x,y[,z])	z＝x＜＝y，结果为布尔型数组

【例 8-3】　数组运算举例。

```
>>> import numpy as np
>>> a = np.eye((3))
>>> a
array([[1., 0., 0.],
       [0., 1., 0.],
       [0., 0., 1.]])
>>> b = np.ones([3,3])
>>> b
array([[1., 1., 1.],
       [1., 1., 1.],
       [1., 1., 1.]])
>>> c = a + b
>>> c
array([[2., 1., 1.],
       [1., 2., 1.],
       [1., 1., 2.]])
>>> d = b - a
>>> d
array([[0., 1., 1.],
       [1., 0., 1.],
       [1., 1., 0.]])
>>> e = c ** 2
>>> e
array([[4., 1., 1.],
       [1., 4., 1.],
       [1., 1., 4.]])
>>> a == b
array([[ True, False, False],
```

```
      [False,  True, False],
      [False, False, True]])
>>> np.add(a,b,a)
array([[2., 1., 1.],
       [1., 2., 1.],
       [1., 1., 2.]])
>>> a
array([[2., 1., 1.],
       [1., 2., 1.],
       [1., 1., 2.]])
>>> np.less_equal(a,b)
array([[False,  True,  True],
       [ True, False,  True],
       [ True,  True, False]])
```

5. 数组的基本统计分析函数

numpy 提供了很多有用的统计函数。例如,计算数组中全部或部分元素的和或平均值、从数组的全部(或部分给定)元素中查找最大(小)值,计算标准差和方差等。常用的统计分析函数如表 8-5 所示。

表 8-5　numpy 库常用的统计分析函数

函　　数	说　　明
np.sum(x[,axis])	求数组中全部或某轴向的元素之和,axis＝0,表示按列求和,axis＝1,表示按行求和
np.mean(x[,axis])	求数组中全部或某轴向的元素的平均值,axis 含义同上
np.max(x[,axis])	求数组中全部或某轴向的元素的最大值,axis 含义同上
np.min(x[,axis])	求数组中全部或某轴向的元素的最小值,axis 含义同上
np.argmax(x[,axis])	求数组中全部或某轴向的元素的最大值的位置,axis 含义同上
np.argmin(x[,axis])	求数组中全部或某轴向的元素的最小值的位置,axis 含义同上
np.cumsum(x[,axis])	求数组中全部或某轴向的元素的累加和,axis 含义同上
np.cumprod(x[,axis])	求数组中全部或某轴向的元素的累积乘,axis 含义同上
np.std(x[,axis])	求数组中全部或某轴向的元素的标准差,axis 含义同上
np.var(x[,axis])	求数组中全部或某轴向的元素的方差,axis 含义同上
np.cov(x[,axis])	求数组中全部或某轴向的元素的协方差,axis 含义同上

【例 8-4】　数组统计分析函数使用举例。

```
>>> import numpy as np
>>> a = np.array(((1,2,3,4),(5,6,7,8)))
>>> a
array([[1, 2, 3, 4],
       [5, 6, 7, 8]])
>>> np.sum(a)                          #所有元素求和
36
>>> np.sum(a,0)                        #按列求和
array([6, 8, 10, 12])
>>> np.sum(a,1)                        #按行求和
array([10, 26])
>>> np.max(a)                          #数组最大值
8
>>> np.argmax(a)                       #最大值位置
7
```

```
>>> np.max(a,0)                                     #按列求最大值
array([5, 6, 7, 8])
>>> np.argmax(a,0)                                  #按列求最大值位置
array([1, 1, 1, 1], dtype = int64)
>>> np.cumsum(a)                                    #数组元素累加求和
array([1, 3, 6, 10, 15, 21, 28, 36], dtype = int32)
>>> np.cumsum(a,0)                                  #按列累加求和
array([[1, 2, 3, 4],
    [6, 8, 10, 12]], dtype = int32)
>>> np.cumsum(a,1)                                  #按行累加求和
array([[1, 3, 6, 10],
    [5, 11, 18, 26]], dtype = int32)
>>> np.std(a)                                       #计算标准差
2.29128784747792
>>> np.var(a)                                       #计算方差
5.25
```

【例 8-5】 利用 numpy 库及 matplotlib 库中的函数绘制正弦函数和余弦函数的曲线。

```
1   #E8 - 5.py
2   import numpy as np
3   import matplotlib.pyplot as plt
4   x = np.linspace(0,2 * np.pi,100)                 #定义自变量取值范围
5   y1 = np.sin(x)                                   #计算正弦函数值
6   y2 = np.cos(x)                                   #计算余弦函数值
7   plt.plot(x,y1,x,y2)                              #生成图形
8   plt.show()                                       #显示图形
```

运行程序,结果如图 8-7 所示。

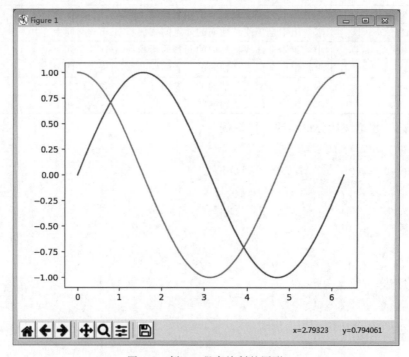

图 8-7 例 8-5 程序绘制的图形

8.2.2 matplotlib 库

matplotlib 是 Python 最主要的数据可视化功能库，有几百种图形模块，包括柱状图、折线图、直方图、饼状图、散点图、误差线图等。matplotlib 官方网站（https：//matplotlib.org/gallery/index.html）上提供了很多各种类型图的缩略图，而且每一幅都有源程序，如图 8-8 和图 8-9 所示。

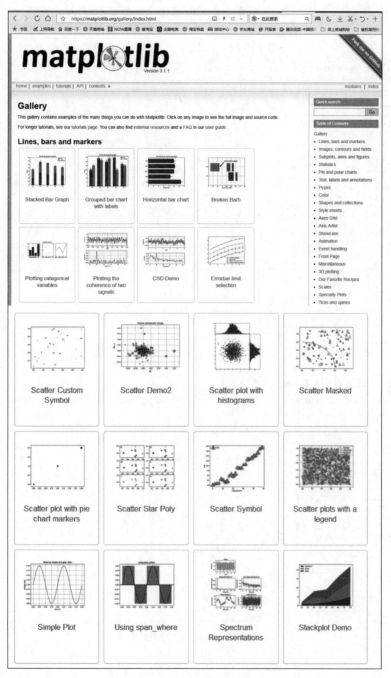

图 8-8　matplotlib 官方网站样例

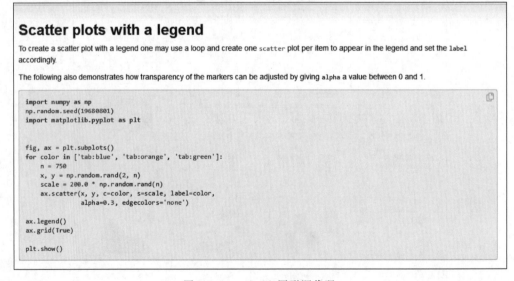

Grouped bar chart with labels

This example shows a how to create a grouped bar chart and how to annotate bars with labels.

```python
import matplotlib
import matplotlib.pyplot as plt
import numpy as np


labels = ['G1', 'G2', 'G3', 'G4', 'G5']
men_means = [20, 34, 30, 35, 27]
women_means = [25, 32, 34, 20, 25]

x = np.arange(len(labels))  # the label locations
width = 0.35  # the width of the bars

fig, ax = plt.subplots()
rects1 = ax.bar(x - width/2, men_means, width, label='Men')
rects2 = ax.bar(x + width/2, women_means, width, label='Women')

# Add some text for labels, title and custom x-axis tick labels, etc.
ax.set_ylabel('Scores')
ax.set_title('Scores by group and gender')
ax.set_xticks(x)
ax.set_xticklabels(labels)
ax.legend()


def autolabel(rects):
    """Attach a text label above each bar in *rects*, displaying its height."""
    for rect in rects:
        height = rect.get_height()
        ax.annotate('{}'.format(height),
                    xy=(rect.get_x() + rect.get_width() / 2, height),
                    xytext=(0, 3),  # 3 points vertical offset
                    textcoords="offset points",
                    ha='center', va='bottom')


autolabel(rects1)
autolabel(rects2)

fig.tight_layout()

plt.show()
```

Scatter plots with a legend

To create a scatter plot with a legend one may use a loop and create one `scatter` plot per item to appear in the legend and set the `label` accordingly.

The following also demonstrates how transparency of the markers can be adjusted by giving `alpha` a value between 0 and 1.

```python
import numpy as np
np.random.seed(19680801)
import matplotlib.pyplot as plt


fig, ax = plt.subplots()
for color in ['tab:blue', 'tab:orange', 'tab:green']:
    n = 750
    x, y = np.random.rand(2, n)
    scale = 200.0 * np.random.rand(n)
    ax.scatter(x, y, c=color, s=scale, label=color,
               alpha=0.3, edgecolors='none')

ax.legend()
ax.grid(True)

plt.show()
```

图 8-9　matplotlib 图形源代码

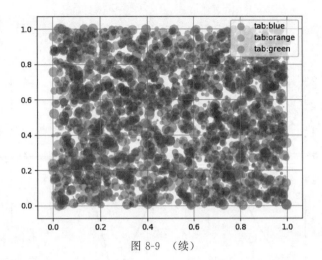

图 8-9 （续）

1. matplotlib 绘图方法

matplotlib 是提供数据绘图功能的第三方库，其 pyplot 子库主要用于调用各可视化效果。引用方式如下：

```
>>> import matplotlib.pyplot as plt
```

上述语句与 import matplotlib.pyplot 一致，as 保留字与 import 一起使用能够改变后续代码中库的命名空间，有助于提高代码可读性。简单地说，在后续程序中，plt 将代替 matplotlib.pyplot。

【例 8-6】 绘制折线图。

```
>>> import matplotlib.pyplot as plt
>>> plt.plot([2,5,8,6,2,9,10])
>>> plt.show()          # 显示创建的绘图对象
```

结果如图 8-10 所示。plt 的 plot 函数是绘制直线、曲线最基础的函数。本例中它将列表数据[2,5,8,6,2,9,10]作为 Y 轴数据，X 轴使用默认的从 0 开始的一组数据[0,1,2,3,4,5,6]。

如果需要使用自定义的 X 轴数据[2,4,6,8,10,12,14]，那么可修改程序如下，结果如图 8-11 所示。

```
>>> import matplotlib.pyplot as plt
>>> plt.plot([2,4,6,8,10,12,14] , [2,5,8,6,2,9,10])
>>> plt.show()          # 显示创建的绘图对象
```

把上例中的 plot 函数换成 scatter 函数，就可以绘制散点图。

【例 8-7】 绘制散点图，如图 8-12 所示。

```
>>> import matplotlib.pyplot as plt
>>> plt.scatter([2,4,6,8,10,12,14] , [2,5,8,6,2,9,10])
>>> plt.show()
```

2. matplotlib.pyplot 库解析

matplotlib 库由一系列有组织有隶属关系的对象构成，这对于基础绘图操作来说显得

Python 第三方库安装及常用库

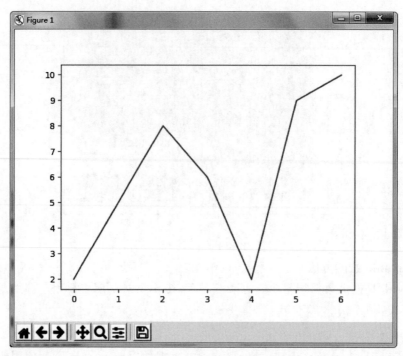

图 8-10　折线图的绘制

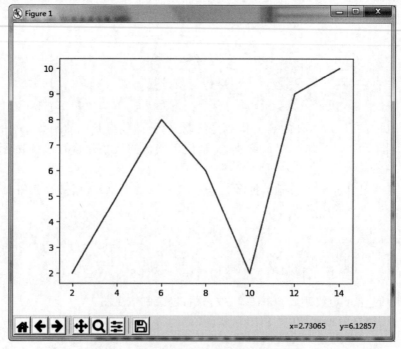

图 8-11　自定义 X 轴数据的折线图绘制

过于复杂。因此，matplotlib 提供了一套快捷命令式的绘图接口函数，即 pyplot 子库，它提供了一批操作和绘图函数，如表 8-6 所示。每个函数代表对图像进行的一个操作，比如创建绘图区域、添加标题、设置横坐标和纵坐标标签、显示图例等。这些函数采用 plt.< f >( )形

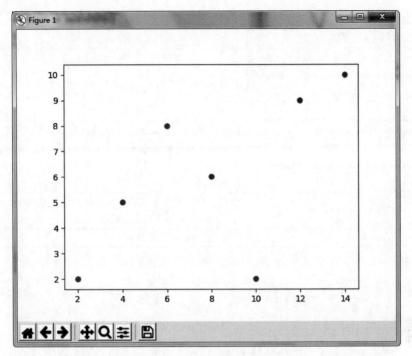

图 8-12　散点图的绘制

式调用,其中< f >是具体函数名称。

表 8-6　pyplot 子库常用函数

函　　数	描　　述
plt. plot(x,y,ls,lw,label,color)	根据 x、y 数据绘制直线、曲线、标记点,ls 为线型 linestyle,lw 为线宽 linewidth,label 为标签文本内容,color 为颜色
plt. scatter(x,y,c,marker,label,color)	绘制散点图:x、y 为相同长度的序列,c 为单个颜色字符或颜色序列,marker 为标记的样式,默认是'o',label 为标签文本内容,color 为颜色
plt. bar(x,height,width,bottom)	绘制条形图
plt. pie(x,explode,labels,autopct,shadow=False,startangle)	绘制饼图
Plt. stem(x,y,linefmt,markerfmt,use_line_collection)	绘制 stem 图
plt. figure(figsize,facecolor)	创建一个全局绘图区域,figsize 参数可以指定绘图区域的宽度和高度,单位为英寸(1 英寸=2.54 厘米)
Plt. subplot(nrows,ncols,plot_number)	在全局绘图区域中创建一个子绘图区域,其参数表示将全局绘图区域分成 nrows 行和 ncols 列
plt. title()	添加标题
plt. xlim(xmin,xmax)	设置 x 轴的取值范围
plt. ylim(ymin,ymax)	设置 y 轴的取值范围
plt. xlabel(string)	设置 x 轴的标签
plt. ylabel(string)	设置 y 轴的标签

Python 第三方库安装及常用库

函　　数	描　　述
plt. legend(loc＝'best/center/upper right/ upper left/lower left / lower right /right/ center left/ center right/ lower center/ upper center ')	显示图例，loc 指定图例位置
plt. grid(linestyle＝':' ,color)	绘制网格线：参数含义为线条风格和线条颜色
plt. annotate(string,xy,xytext,arrowprops)	用箭头在指定数据点创建一个注释或一段文本：string 为注释内容，xy 为指向的坐标，xytext 为注释位置，arrowprops 为箭头属性
plt. text(x,y,string,weight,color)	添加非指向型注释文本：string 为注释内容，x,y 为注释坐标，weight 为字体粗细，color 为颜色
plt. savefig('filename. png')	把当前图形保存成图像文件

【例 8-8】　绘制带有中文标题、标签和图例的三角函数图，如图 8-13 所示。

```
1   ♯E8－8. py
2   import numpy as np
3   import matplotlib. pyplot as plt
4   import matplotlib. font_manager as fm
5   ♯设置字体
6   myfont = fm. FontProperties(fname = 'C:\Windows\Fonts\SimHei.ttf')
7   t = np. arange(0.0, 2.0 * np. pi, 0.2)              ♯自变量取值范围
8   s = np. sin(t)                                      ♯计算正弦函数值
9   z = np. cos(t)                                      ♯计算余弦函数值
10  ♯设置线型、线宽
11  plt. plot(t, s, linestyle = '', marker = ' * ', linewidth = 6, label = '正弦')
12  plt. plot(t, z, label = '余弦')
13  ♯设置 x 轴标签
14  plt. xlabel('x－变量', fontproperties = 'SimHei', fontsize = 18)
15  ♯设置 y 轴标签
16  plt. ylabel('y－正弦余弦函数', fontproperties = 'SimHei', fontsize = 18)
17  ♯显示标题
18  plt. title('sin－cos 函数图像', fontproperties = 'STLITI', fontsize = 24)
19  plt. legend(prop = myfont)                          ♯显示图例
20  plt. savefig('sincos. png')                         ♯把当前图形保存成图像文件
21  ♯该语句要放在 plt. show()之前
22  ♯因为 plt. show()之后会生成一个空白图
23  plt. show()
```

【例 8-9】　绘制三维图形，如图 8-14 所示。

```
1   E8－9. py
2   import numpy as np
3   import matplotlib. pyplot as plt
4   import mpl_toolkits. mplot3d
5   ♯步长使用虚数,虚部表示点的个数
6   x, y = np. mgrid[－2:2:20j, －2:2:20j]
7   z = 50 * np. sin(x + y)                             ♯测试数据
8   ax = plt. subplot(111, projection = '3d')           ♯三维图形
9   ax. plot_surface(x,y,z, rstride = 2, cstride = 1, cmap = plt. cm. Blues_r)
10  ax. set_xlabel('X')                                 ♯设置坐标轴标签
11  ax. set_ylabel('Y')
```

```
12 ax.set_zlabel('Z')
13 plt.savefig('3D.png')          # 把当前图形保存成图像文件
14 plt.show()
```

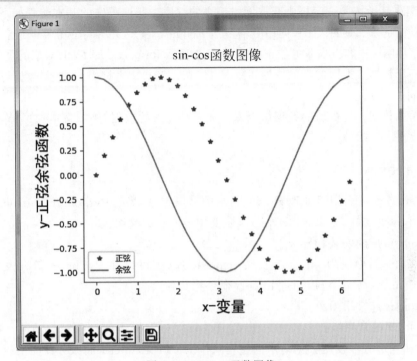

图 8-13　sin-cos 函数图像

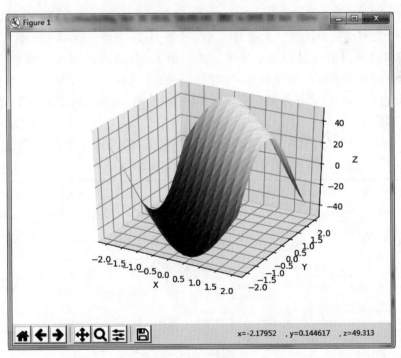

图 8-14　三维图形

第
8
章

Python 第三方库安装及常用库

8.3 网 络 爬 虫

网络爬虫是指按照一定规则获取网络信息的程序。爬取程序的基本流程如下。

(1) 发起请求。通过 URL 向服务器发送 Request 请求,并等待服务器响应。

(2) 获取响应内容。当服务器正常响应时,会返回 Response,即 URL 对应的页面内容。

(3) 解析数据。返回的页面内容可能是 HTML、JSON 字符串、二进制数据等类型。需要采用不同的方法进行处理。

(4) 保存数据。解析后的数据可以保存成多种形式的数据,例如文本、数据库或其他特定类型的文件。

8.3.1 requests 库

requests 库是一个用于处理 HTTP 请求的第三方库,基于 Python 语言 urllib 标准库开发,比 urllib 库更友好、更简洁。requests 主要用于网页的爬取。

1. requests 库的安装和导入

可以在命令行中使用 pip 命令安装 requests 库,也可以在 PyCharm 等开发环境中安装。安装 requests 库后,可以通过 import 命令将其导入。

2. requests 库常用函数

requests 库的常用函数主要完成 HTTP 协议对资源操作的一些相关功能。在 HTTP 协议中,主机向服务器发送数据请求的过程叫作 HTTP Request,而服务器向主机返回数据的过程叫做 HTTP Response。

HTTP Request 包含请求方式、请求 URL、请求头和请求体四部分内容。这四部分内容构成了一个完整的请求过程。常用的请求方式有 GET 和 POST 两种;请求 URL 用于标识所要爬取的网页的地址,URL 被称为统一资源定位符,每个网页都有一个唯一的 URL;请求头表示请求时的头部信息,例如 User-Agent、Host、Cookies 等发送方的身份信息、浏览器信息;请求体/请求参数是对请求 URL 的补充,请求体用于 POST 请求,请求参数用于 GET 请求。

对应于 HTTP 协议对资源的操作,requests 库常用的函数有如下 7 个,如表 8-7 所示。

表 8-7　requests 常用函数

函　　　数	功　　　能
requests. request(method, url, ** kwargs)	用于构造一个请求,是该表格其余 6 种方法的基础方法
requests. get (url [, params = None, * * kwargs)	获取 URL 资源的请求
requests. head(url[, ** kwargs])	获取 URL 头部信息的请求
requests. post(url, data=None, json=None, ** kwargs)	在 URL 资源后附加新数据的请求
requests. put(url, data=None, ** kwargs)	存储一个覆盖原 URL 资源的请求
requests. patch(url, data=None, ** kwargs)	修改 URL 资源的请求
requests. delete(url, ** kwargs)	删除 URL 资源的请求

其中 ** kwargs 参数为可选项,包括 params、data、json、headers、cookies、auth、files、timeout、proxies、allow_redirects、stream、verify 和 cert。

HTTP Response 包含响应状态、响应头、响应体等内容。requests 库中的 Response 对象包含对应的属性,具体如表 8-8 所示。

表 8-8 Response 对象的属性

命　令	说　明
status_code	Request 请求的响应状态,例如 200 表示请求成功,301 表示网页被转移到其他 URL,404 表示请求的页面不存在,500 表示内部服务器错误等
text	HTTP 响应内容的字符串形式,即 URL 对应的页面内容
encoding	默认的 HTTP 响应内容的编码方式
apparent_encoding	检测出 HTTP 响应内容的编码方式
content	HTTP 响应内容的二进制形式
headers	HTTP 响应内容的头部信息

【例 8-10】　用 get()函数向目标网站发起请求,并显示获取页面的 HTML 代码。

参考命令执行过程如下:

```
>>> import requests
>>> rsp = requests.get("http://www.lnu.edu.cn")
>>> rsp.status_code
200
>>> rsp.encoding
'ISO - 8859 - 1'
>>> rsp.apparent_encoding
'UTF - 8 - SIG'
>>> rsp.encoding = rsp.apparent_encoding
>>> rsp.text[:1000]
'<! DOCTYPE html PUBLIC " - //W3C//DTD XHTML 1.0 Transitional//EN" "http://www.w3.org/TR/
xhtml1/DTD/xhtml1 - transitional.dtd"><HTML><HEAD><TITLE>辽宁大学主页</TITLE>\r\n\r\n\
r\n\r\n\r\n<META content = "text/html; charset = UTF - 8" http - equiv = "Content - Type"><LINK
rel = "stylesheet" type = "text/css" href = "font.css">\r\n<META name = "description" content = "辽
宁大学是一所具备文、史、哲、经、法、理、工、管、艺等学科门类的省属综合性大学。学校现有三个校
区,即沈阳崇山校区、沈阳蒲河校区和辽阳武圣校区.学校占地面积 2190 亩,校舍建筑面积 65.4 万平
方米,是国家"211 工程"重点建设院校和世界一流学科建设高校。">\r\n<META name = "keywords"
content = "辽宁大学、辽大、LNU、Liaoning University、辽风网、辽大招生网、辽宁大学微博、辽大校友
网、辽大图书馆、辽宁大学研究生院、辽大信息化中心、辽大出版社">\r\n<STYLE type = "text/css">
\r\n<! -- \r\n.STYLE1 {color: ♯666666;}\r\n-->\r\n</STYLE>\r\n\r\n\r\n<! -- Announced
by Visual SiteBuilder 9 -->\r\n<link rel = "stylesheet" type = "text/css" href = "_sitegray/_
sitegray_d.css" />\r\n<script language = "javascript" src = "_sitegray/_sitegray.js">
</script>\r\n<! -- CustomerNO:7765626265723230797347565251540003060000 -->\r\n<link rel =
"stylesheet" type = "text/css" href = "index.vsb.css" />\r\n<META Name = "keywords" Content =
"辽宁大学是一所具'
```

该过程完成的任务如下。

(1) 首先用 import 语句导入 requests 库。

(2) 利用 get()函数向 URL 为 http://www.lnu.edu.cn 的网页发送 Request 请求,并将 Response 结果返回给命名为 rsp 的对象。该命令也可以写成 rsp = requests.request("get", "http://www.lnu.edu.cn")。

（3）利用 rsp. status_code 命令查询 Request 请求的响应状态，返回的状态码为 200，表示请求成功。

（4）利用 rsp. encoding 查询该网页的编码方式为 ISO-8859-1，而利用 rsp. apparent_encoding 查询的编码方式为'UTF-8-SIG'，由于 ISO-8859-1 编码方式只能表示 ASCII 码和一些西文字符，不能表示中文，所以直接显示响应内容会产生乱码，因此将 rsp. apparent_encoding 检测到的编码赋值给 rsp. encoding。

（5）利用 rsp. text 命令可以显示响应内容的字符串形式。考虑到篇幅限制，此处用 rsp. text[:1000]命令显示前 1000 行内容。

该过程只是把网页上的内容按照 HTML 的格式全部提取出来，如果要提取部分需要的内容，还需要借助 re 库、BeautifulSoup 库等标准库或第三方库来实现。

【**例 8-11**】 爬取音乐网站排行榜。

分析：此处以酷狗音乐榜单为例，爬取网站的音乐排行榜。酷狗音乐榜单的 URL 为 https://www.kugou.com/yy/html/rank.html。截取该网页的部分源代码如图 8-15 所示，其中方框标记的部分就是我们要爬取的内容。

```
<div id="rankWrap">
    <div class="pc_temp_songhead clear_fix">
        <span class="pc_temp_btn_check pc_temp_btn_checked checkedAll"></span>全选
    </div>
    <div class="pc_temp_songlist  pc_rank_songlist_short">
        <ul>
            ┌─────────────────────────────────────────────────┐
            │<li class=" " title="何亮 - 哪吒" data-index="0"> │
            └─────────────────────────────────────────────────┘
            <span class="pc_temp_btn_check pc_temp_btn_checked" data-index="0"></span>
            <span class="pc_temp_coverlayer"></span>
            <span class="pc_temp_num">
                                                                        <strong>1</strong>
            </span>
                        <span class="pc_temp_tips_l">
                <i class="pc_temp_icon_new" title="新入榜"></i>
            </span>
                                <a href="https://www.kugou.com/song/ylo2n8e.html" data-active="pla
        <span class="pc_temp_tips_r">
                                        <a href="javascript:;" data-active="play" data-index="0" c
            <a href="javascript:;" onclick="_hmt.push(['_trackEvent', 'hidedown', 'hidecilick', 'hidepc'])
            <a href="javascript:;" data-active="share" data-index="0" class="pc_temp_btn_share" title="分写
            <span class="pc_temp_time">
                                                                        4:34
            </span>
        </span>
    </li>
                        ┌──────────────────────────────────────────────────────────┐
                        │<li class=" " title="球球 - 光（独唱版）" data-index="1">    │
                        └──────────────────────────────────────────────────────────┘
            <span class="pc_temp_btn_check pc_temp_btn_checked" data-index="1"></span>
            <span class="pc_temp_coverlayer"></span>
            <span class="pc_temp_num">
                                                                        <strong>2</strong>
            </span>
                        <span class="pc_temp_tips_l">
                <i class="pc_temp_icon_new" title="新入榜"></i>
            </span>
```

图 8-15　网页源代码

下面借助 BeautifulSoup 库，实现对网页内容的爬取，具体代码如下：

```
1   # E8 - 11.py
2   # 爬取音乐排行榜
3   import requests
4   from bs4 import BeautifulSoup
5   import bs4
6
7   url = "https://www.kugou.com/yy/html/rank.html"
```

```
8
9  try:
10      r = requests.get(url, timeout = 30)
11      r.raise_for_status()
12      r.encoding = r.apparent_encoding
13      html = r.text
14  except:
15      pass
16
17  soup = BeautifulSoup(html, "html.parser")
18
19  print("{:^10}\t{:^12}".format("排名", "歌手—歌名"))
20  for tr in soup.find_all("li"):
21      if tr.get("title") != None:
22          print("{:^10}\t{:<12}"\
23                .format(tr.get("data-index"), tr.get("title")))
```

程序运行结果如下：

排名	歌手—歌名
0	何亮—哪吒
1	球球—光（独唱版）
2	叶洛洛—撒娇
3	鸢音社—人间不值得
4	G.E.M.邓紫棋—依然睡公主（Live）
5	陈瑞—从今天开始爱你
6	郭聪明—DuDuDu
7	章智捷—你的名字
8	冷漠—红颜赋
9	贝蒂—别叫我达芬奇
10	Martin Garrix、Bonn—Home
11	Slipknot—Nero Forte
12	许一峰—第二选择
13	邓轩—Masih Mencintainya（中文版）
14	望海高歌—为情受过多少罪
15	张宸希—到底累不累
16	汤潮—男人这首歌
17	李鑫一—陪你走过
18	郑冰冰—愿
19	胡大亮—爱情滋味
20	小魂—等我荣耀
21	云朵—海陵岛的呼唤

8.3.2 scrapy 库

scrapy 库是一个用于从网页获取内容的爬虫框架。scrapy 是一个相对简单的爬虫框架，只需要做一定的配置就能获取所需内容。相较于 requests 库面向网页的爬取，scrapy 库则是面向网站的爬取，因此 scrapy 爬取信息速度更快速、内容更专业。

1. scrapy 库的安装和导入

可以使用 pip 命令安装 scrapy 库，也可以在 PyCharm 等开发环境中安装。安装完成

193

第
8
章

Python第三方库安装及常用库

后,可以通过 import 命令将其导入。

2. scrapy 爬虫框架的结构

图 8-16 所示为 scrapy 爬虫框架的结构。具体包括 Scrapy Engine、Scheduler、Downloader、Downloader Middlewares、Spider、Spider Middlewares 和 Item Pipeline,共 7 个部分。

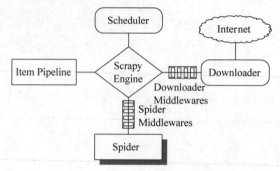

图 8-16   scrapy 爬虫框架的结构

这 7 个部分的具体功能如下。

Scrapy Engine:Scrapy 的核心部件,负责分配任务给其他模块,以及控制其他模块之间的通信、数据传递等。

Scheduler:Scrapy 的调度器,接收 Engine 发送的 Request 请求,并对请求进行调度管理。

Downloader:从 Engine 处接收已经由 Scheduler 调度后返回的 Request 请求,并将获取的 Response 返回给 Engine。

Downloader Middlewares:在 Engine、Scheduler 和 Downloader 之间进行用户可配置的控制。

Spider:提供初始网址,接收并处理由 Downloader 返回给 Engine 的 Response,并产生 item 和额外的 Request。

Spider Middlewares:对 Request 和爬取项的进一步处理。

Item Pipeline:负责处理 Spider 产生的 item,可以清理、检验和查重爬取项中的 HTML 数据,并将数据存储到数据库。

3. scrapy 常用命令

scrapy 采用命令行创建和运行爬虫,常用命令如表 8-9 所示。

表 8-9   scrapy 常用命令

命令名称	命 令 格 式	描　　述
startproject	scrapy startproject < project_name >	创建一个 scrapy 项目
settings	scrapy settings〔options〕	输出项目的设定值
genspider	scrapy genspider〔options〕< name > < domain >	建立爬虫文件
crawl	scrapy crawl < spider_name >	启动项目并执行爬虫文件

4. 使用 scrapy 库的一般方法

scrapy 库在使用时可以遵照如下步骤进行。

1)新建工程

利用 startproject 命令建立工程,具体建立方法参照例 8-12。

【例 8-12】 在 D:\PythonScrapy 目录下创建一个名为 datagetmodule 的爬虫框架项目。

在命令行处理程序或 PyCharm 的 Terminal 中输入命令"scrapy startproject datagetmodule"，输入和输出内容如下所示：

```
d:\PythonScrapy > scrapy startproject datagetmodule
New Scrapy project 'datagetmodule', using template directory 'c:\users\Administrator\appdata\
local\ programs\ python\ python37 - 32\ lib\ site - packages\ scrapy\ templates\ project ',
created in:
d:\PythonScrapy\datagetmodule

You can start your first spider with:
    cd datagetmodule
    scrapy genspider example example.com

d:\PythonScrapy >
```

命令执行后，在 D:\PythonScrapy 目录下会出现一个 datagetmodule 文件夹，该文件夹下的目录结构如图 8-17 所示。

2）建立爬虫文件

利用 genspider 命令建立爬虫文件，具体操作参照例 8-13。

【例 8-13】 在例 8-12 基础上建立 www.kepuchina.cn 网站的爬虫文件 module.py。

在命令行或 PyCharm 的 Terminal 中输入如下命令：

```
d:\PythonScrapy > cd datagetmodule

d:\PythonScrapy\datagetmodule > scrapy genspider module www.kepuchina.cn
Created spider 'module' using template 'basic' in module:
datagetmodule.spiders.module

d:\PythonScrapy\datagetmodule >
```

该过程执行后，会在 spiders 文件夹下添加 module.py 文件，如图 8-18 所示。

图 8-17　scrapy 项目目录结构　　　　图 8-18　建立爬虫文件目录

产生的 spider 爬虫文件如下。

```
1  # - * - coding: utf - 8 - * -
2  import scrapy
```

```
3
4   class ModuleSpider(scrapy.Spider):
5       name = 'module'
6       allowed_domains = ['www.kepuchina.cn']
7       start_urls = ['https://www.kepuchina.cn/']
8
9       def parse(self, response):
10          pass
```

3) 编写 spider 爬虫文件

步骤 2)产生的 spider 爬虫文件是一个待编辑文件,应根据需求编写爬虫代码,具体操作参照例 8-14。

【例 8-14】 提取网页中文章的标题和内容,并用 yield 生成。待爬取网页 URL 为 https://www.kepuchina.cn/wiki/zyts/02/201908/t20190807_1093182.shtml。

根据题目要求编写本项目的 spider 爬虫文件 module.py 如下:

```
1   # - * - coding: utf - 8 - * -
2   import scrapy
3   from bs4 import BeautifulSoup
4
5   class ModuleSpider(scrapy.Spider):
6       name = 'module'
7       allowed_domains = ['www.kepuchina.cn']
8       start_urls = [
9           'https://www.kepuchina.cn/wiki/zyts/02/201908/
10          t20190807_1093182.shtml'
11          ]
12
13      def parse(self, response):
14          demo = response.body
15          soup = BeautifulSoup(demo,"html.parser")
16          yield{
17              "Tname":soup.title.string,
18              "Tbody":soup.find(class_ = "TRS_Editor").get_text()
19          }
```

yield 所在的函数是一个生成器函数。yield 的作用和 return 类似,但与 return 不同的是,yield 返回的是一个生成器,即每次产生一个 yield 语句值后函数中断,被唤醒后会继续生成下一个值。yield 更适合与 for 循环结合使用。

4) 编写 Item Pipeline 文件

进一步处理爬虫文件爬取到的内容,具体操作参照例 8-15。

【例 8-15】 编写代码,将爬取的网页内容保存到名为 kepuchina.txt 的文件中。

在建立工程时会产生一个 pipelines.py 文件,其内容如下:

```
1   # - * - coding: utf - 8 - * -
2
3   # Define your item pipelines here
4   #
5   # Don't forget to add your pipeline to the ITEM_PIPELINES setting
```

```
6    # See: https://docs.scrapy.org/en/latest/topics/item-pipeline.html
7
8    class DatagetmodulePipeline(object):
9        def process_item(self,item,spider):
10           return item
```

根据题目要求编写 pipelines.py 文件如下：

```
1    # -*- coding: utf-8 -*-
2
3    # Define your item pipelines here
4    #
5    # Don't forget to add your pipeline to the ITEM_PIPELINES setting
6    # See: https://docs.scrapy.org/en/latest/topics/item-pipeline.html
7
8    class DatagetmodulePipeline(object):
9        def open_spider(self,spider):
10           self.f = open("kepuchina.txt",'w')
11       def close_spider(self,spider):
12           self.f.close()
13       #将网页中的内容写入 txt 文档
14       def process_item(self,item,spider):
15           try:
16               line = str(dict(item)) + '\n'
17               self.f.write(line)
18           except:
19               pass
20           return item
```

在 settings.py 文件中修改工程设置，使程序运行时能够找到名为 DatagetmodulePipeline 的类，修改内容如下。

```
1    # Configure item pipelines
2    # See https://docs.scrapy.org/en/latest/topics/item-pipeline.html
3    ITEM_PIPELINES = {
4        'datagetmodule1.pipelines.DatagetmodulePipeline': 300,
5    }
```

5）运行爬虫

利用 crawl 命令启动项目，并运行爬虫文件，具体操作参照例 8-16。

【例 8-16】 启动项目，对网站内容进行爬取。

运行爬虫文件 module.py，即执行命令 scrapy crawl module，操作如下：

```
d:\PythonScrapy\datagetmodule> scrapy crawl module
(输出命令略)
```

在 D:\PythonScrapy\datagetmodule 目录下，会生成一个名为 kepuchina.txt 的文件，文件内容为网络爬取到的指定网页中的标题和内容，如图 8-19 所示。

第
8
章

Python 第三方库安装及常用库

198

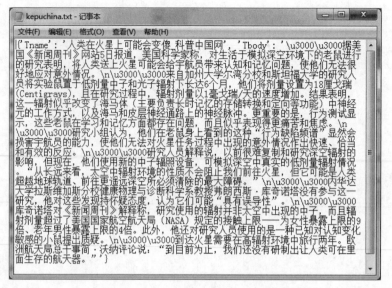

图 8-19　利用 scrapy 爬虫框架爬取并保存的文件

8.4　语言/文本处理

目前，比较流行的 Python 文本处理第三方库有 NLTK、openpyxl、jieba、Gensim、PyPDF2、Python-docx 等。本节将介绍 NLTK 和 openpyxl。

8.4.1　NLTK 库

NLTK 是一个非常重要的自然语言处理（NLP）Python 第三方库，它支持多种语言。其收集的大量公开数据集，模型上提供了全面、易用的接口，涵盖了分词、词性标注（Part-Of-Speech tag，POS-tag）、命名实体识别（Named Entity Recognition，NER）、句法分析（Syntactic Parse）等各项 NLP 领域的功能。在命令提示符状态下使用 pip install nltk 命令安装 NLTK 库。

在 NLTK 中集成了语料与模型等包管理器，通过在 Python 解释器中执行下面的代码，会弹出如图 8-20 所示的下载器管理界面，在该界面中单击 Download 按钮即可下载所有的语料、预训练的模型等。

```
>>> import nltk
>>> nltk.download()
```

下载后，使用如下命令即可查看可以加载的所有书籍。

```
>>> from nltk.book import *
*** Introductory Examples for the NLTK Book ** *
Loading text1, ..., text9 and sent1, ..., sent9
Type the name of the text or sentence to view it.
Type: 'texts()' or 'sents()' to list the materials.
text1: Moby Dick by Herman Melville 1851
text2: Sense and Sensibility by Jane Austen 1811
```

```
text3: The Book of Genesis
text4: Inaugural Address Corpus
text5: Chat Corpus
text6: Monty Python and the Holy Grail
text7: Wall Street Journal
text8: Personals Corpus
text9: The Man Who Was Thursday by G . K . Chesterton 1908
```

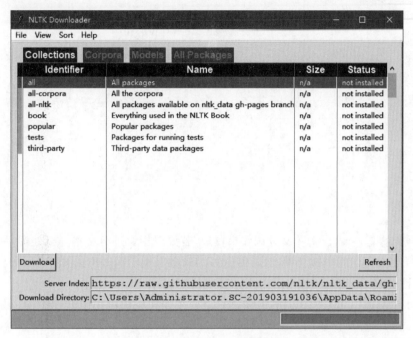

图 8-20　NLTK 下载管理器

下面介绍 NLTK 的一些基本功能,学习后感兴趣的读者可以借助其他资料进行深入学习。

1. 搜索文本

词语索引视图可以显示特定单词的出现情况,同时还可以显示一些上下文。例如在下面的例子中将查找《白鲸记》中的词 monstrous。

```
>>> text1.concordance("monstrous")
Displaying 11 of 11 matches:
ong the former , one was of a most monstrous size . ... This came towards us ,
ON OF THE PSALMS . " Touching that monstrous bulk of the whale or ork we have r
ll over with a heathenish array of monstrous clubs and spears . Some were thick
d as you gazed , and wondered what monstrous cannibal and savage could ever hav
that has survived the flood ; most monstrous and most mountainous ! That Himmal
they might scout at Moby Dick as a monstrous fable , or still worse and more de
th of Radney .'" CHAPTER 55 Of the Monstrous Pictures of Whales . I shall ere l
ing Scenes . In connexion with the monstrous pictures of whales , I am strongly
ere to enter upon those still more monstrous stories of them which are to be fo
ght have been rummaged out of this monstrous cabinet there is no telling . But
of Whale - Bones ; for Whales of a monstrous size are oftentimes cast up dead u
```

2. 分词

对一个字符串,NLTK 提供相关的分词功能。由于 NLTK 分词主要是以句子为单位进行分词,因此对于一段文本要先分句,再进行分词。通常主要使用下面两个函数。

```
nltk.sent_tokenize(<文本>)          #对文本按照句子进行分隔
nltk.word_tokenize(<句子>)          #对句子进行分词
```

【例 8-17】 用 NLTK 对文本" that has survived the flood . most monstrous and most mountainous! That Himmal"进行分词。

```
>>> import nltk
>>> text = " that has survived the flood . most monstrous and most mountainous ! That Himmal"
>>> sens = nltk.sent_tokenize(text)          #将文本拆分成句子列表
sens
[' that has survived the flood .', 'most monstrous and most mountainous !', 'That Himmal']
>>> #对句子进行分词
>>> words = []
>>> for sent in sens:
        words.append(nltk.word_tokenize(sent))
>>> words
[['that', 'has', 'survived', 'the', 'flood', '.'], ['most', 'monstrous', 'and', 'most', 'mountainous',
'!'], ['That', 'Himmal']]
```

需要强调的是,NLTK 对英文分词效果较好,若要对中文进行文本分析处理,一般可考虑用 jieba 等第三方库进行中文分词,然后再用 NLTK 的其他功能对中文文本进行分析处理。

3. 词性标注

词性标注是指将词汇按它们的词性(POS)分类并相应地对它们进行标注。为一个句子分词后,通过词性标注器使用方法 nltk.pos_tag(<分词后的列表>)可为每个词附加一个词性标注,词性标注简表如表 8-10 所示,例如:

```
>>> import nltk
>>> text = "And now for something completely different"
>>> tokens = nltk.word_tokenize(text)
>>> tags = nltk.pos_tag(tokens)
>>> tags
[('And', 'CC'), ('now', 'RB'), ('for', 'IN'), ('something', 'NN'), ('completely', 'RB'), ('different',
'JJ')]
```

表 8-10　NLTK 词性标注解释简表

名　　称	含　　义
CC	Coordinating conjunction 连接词
IN	Preposition or subordinating conjunction 介词或从属连词
JJ	Adjective 形容词或序数词
NN /NNS	Noun,singular or mass 常用名词 单数形式/复数形式
RB	Adverb 副词
TO	to 作为介词或不定式格式
VB	Verb,base form 动词基本形式
WP	Possessive wh-pronoun 所有格代词

4. 对文本进行简单分析

nltk.text.Text()用于对文本进行初级的统计与分析,它接受一个词的列表作为参数。Text 类提供了表 8-11 所示的函数。

表 8-11　NLTK 中 Text 类的常用函数

函　　　数	含　　　义
Text(words)	构造 Text 对象
concordance(word)	显示 Word 出现的上下文
common_contexts(words)	显示 words 出现的相同上下文
similar(word)	显示 word 的相似词
count(word)	word 出现的词数
dispersion_plot(words)	绘制 words 中文档中出现的位置图

【例 8-18】　用 NLTK 对"射雕英雄传.txt"进行如下操作:查找字符串"钱塘江"在小说中出现的上下文,以及同义词"郭靖"与"降龙十八掌",并统计词"黄蓉"在文中出现的次数,最后以绘图形式查看两种武功在文中出现的位置。

```
>>> import nltk
>>> import jieba
>>> raw = open("射雕英雄传.txt",encoding = 'UTF - 8').read()
>>> text = nltk.text.Text(jieba.lcut(raw))
>>> #字符串'钱塘江'在小说中出现的上下文
>>> print(text.concordance('钱塘江'))
Displaying 4 of 4 matches:
第一回　风雪 惊变

　　钱塘江 浩浩 江水 ，日日夜夜 无穷 无休 的 从 两 浙西 路 临安 府 牛家
要 跟 他 安排 计议，委实 极难 。
　　不 一日 过 了 钱塘江，来到 临安 郊外 ，但 见 暮霭 苍茫 ，归鸦 阵阵 ，天黑 之
咱们 一天 没 好好 吃饭 。王爷 您 是 北方人 ，却 知道 这里 钱塘江 边 有 个 荒僻 村子 ，领着 大
伙儿 过来 . 真是 能 者 无所不能，问明 路程 ，径向 嘉兴 而 去 。
　　这一晚 他 宿 在 钱塘江 边，眼见 明月 映入 大江，水中 冰轮 已有 团 栾意 ，蓦地
>>> #对相同上下文的使用
>>> print(text.common_contexts(['郭靖','降龙十八掌']))
"_" 以_的 是_，是_的 ，_与 ' _ '" _是 不及_，将_的 将_与 得_的
>>> #统计词"黄蓉"在文中出现的次数
>>> print(text.count("黄蓉"))
>>> #查看下面两种武功在文中出现的位置
>>> text.dispersion_plot(['降龙十八掌','打狗棒法'])
```

结果如图 8-21 所示。

5. 对文档用词进行分布统计

如何能自动识别文本中最能体现文本主题和风格的词汇?我们经常需要在语言处理中使用频率分布,NLTK 提供了 FreqDist 类主要记录每个词出现的次数,根据统计数据生成表格或绘图。例如,在例 8-18 中,增加如下命令行,则绘制的图形如图 8-22 所示。

```
>>> fdist = nltk.FreqDist(text)
>>> fdist.plot(30,cumulative = True)
```

Python 第三方库安装及常用库

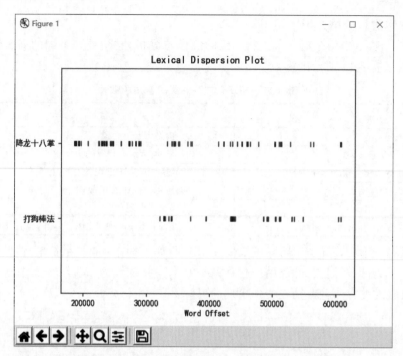

图 8-21　用离散图表示词语在文中出现的位置

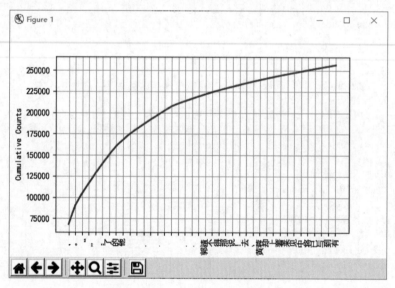

图 8-22　绘制词频图

8.4.2　openpyxl 库

Excel 是 Windows 环境中流行的，功能强大的电子表格应用程序。第三方库 openpyxl 可以使 Python 程序轻松地读取和修改 Excel 电子表格文件。

1. 安装 openpyxl 模块

在命令提示符状态下，使用命令 pip install openpyxl 进行安装。如果想详细查看 openpyxl 文件，可以通过网址 http://openpyxl.readthedocs.org/。

2. 读取 Excel 文件

在导入 openpyxl 模块后，就可以使用 openpyxl. load_workbook()函数打开 Excel 文档。例如，在 Python 中用命令打开如图 8-23 所示的 Excel 工作簿文件。

```
>>> import openpyxl
>>> wb = openpyxl.load_workbook('example.xlsx')
>>> type(wb)
< class 'openpyxl.workbook.workbook.Workbook'>
```

图 8-23　example. xlsx

openpyxl. load_workbook（<文件名>）函数返回一个 workbook 数据类型的值，这个 workbook 对象代表一个 Excel 工作簿文件。

要注意，example. xlsx 一定要存放在当前工作目录，才能用 openpyxl 模块打开它，否则函数 openpyxl. load_workbook(文件名)的参数要给出完整的文件路径。

3. 从工作簿中打开工作表

调用 get_sheet_names()方法可以获得工作簿中所有工作表名的列表，也就是说将返回由工作表名称组成的列表。例如：

```
>>> import openpyxl
>>> wb = openpyxl.load_workbook('example.xlsx')
>>> wb.get_sheet_names()
['Sheet1', 'Sheet2', 'Sheet3']
```

此外，每个表由一个 Worksheet 对象表示，可以通过向工作簿方法 get_sheet_by_name()传递表名字符串获得该对象。在取得 Worksheet 对象后，可以通过 title 属性取得它的名称。例如：

```
>>> sheet = wb.get_sheet_by_name('Sheet3')
>>> sheet
< Worksheet "Sheet3">
>>> sheet.title
'Sheet3'
```

4. 读取单元格数据

有了工作表 Worksheet 对象后，就可以按名字访问单元格 Cell 对象。例如：

```
>>> import openpyxl
>>> wb = openpyxl.load_workbook('example.xlsx')
>>> sheet = wb.get_sheet_by_name('Sheet1')
>>> sheet['b2']
< Cell 'sheet1'.B2 >
>>> sheet['b2'].value
'语文'
```

单元格 Cell 对象有一个 value 属性，它包含这个单元格中保存的值。Cell 对象也有 row、column 和 coordinate 等属性，提供该单元格的位置信息。

此外，在调用工作表的 cell(<行号>,<列标>)方法时，可以传入整数作为 row 和 column

Python第三方库安装及常用库

关键字参数,也可以得到一个单元格(提示:第一行或第一列的参数是 1,而不是 0)。例如:

```
>>> sheet.cell(row = 2, column = 2)
< Cell 'sheet1'.B2 >
>>> sheet.cell(row = 2, column = 2).value
'语文'
>>> for i in range(2, 11, 2):
        print(i, sheet.cell(row = i, column = 1).value)

2 姓名
4 王鹏
6 赵前前
8 孙里程
10 吴码
```

5. 创建并保存 Excel 文档

若要创建 Excel 文档,需要调用 openpyxl.Workbook() 函数,创建一个新的空 Workbook 工作簿对象,该工作簿对象会自动包含一个名称为 sheet 的工作表,然后用 save() 方法保存工作簿,即可将该工作簿保存到磁盘上。例如:

```
>>> import openpyxl
>>> wb1 = openpyxl.Workbook()               # 创建新的 Workbook 工作簿对象
>>> wb1.get_sheet_names()                   # 返回该工作簿对象包含的工作表名称
['Sheet']
>>> sheet.title = "工资表"                   # 将工作表 Sheet 改名为工资表
>>> wb1.get_sheet_names
['工资表']
>>> wb1.save("公司管理系统.xlsx")
```

6. 创建和删除工作表

利用 create_sheet() 和 remove_sheet(工作表名)方法,可以在工作簿中添加或删除工作表。

【例 8-19】 创建一个工作簿对象,在该工作簿对象中创建工作表名称为 sheet1 的工作表,然后在索引值为 0 的位置创建工作表名称为 sheet0 的工作表,接下来删除工作表 sheet0,最后将该工作簿对象以文件名 example1.xlsx 保存在磁盘上。

```
>>> import openpyxl
>>> wb2 = openpyxl.Workbook()
>>> wb2.get_sheet_names()
['Sheet']
>>> wb2.create_sheet()                      # 创建新的工作表
< Worksheet "Sheet1">
>>> wb2.get_sheet_names()
['Sheet', 'Sheet1']
>>> # 在工作簿对象的索引值为 0 的位置创建 sheet0 工作表
>>> wb2.create_sheet(index = 0, title = 'Sheet0')
< Worksheet "sheet0">
>>> wb2.get_sheet_names()
['Sheet0', 'Sheet', 'Sheet1']
>>> # 删除工作表 sheet0
```

```
>>> wb2.remove_sheet(wb2.get_sheet_by_name('Sheet0')
['Sheet', 'Sheet1']
>>> wb2.save('example1.xlsx')
```

7. 将值写入单元格

将值写入单元格，很像将值写入字典中的键。例如：

```
>>> import openpyxl
>>> wb3 = openpyxl.load_workbook('example.xlsx')
>>> #返回工作表名称为 Sheet1 的对象
>>> sheet = wb3.get_sheet_by_name('Sheet1')
>>> sheet['A12'] = '平均分'
>>> sheet['A1'].value
'平均分'
>>> wb3.save('example.xlsx')
```

8. 公式的使用

在 Excel 中，公式以"="开头，用 Python 中 openpyxl 模块，可以在单元格中添加公式。例如在如图 8-23 所示的 Excel 工作簿的 sheet1 工作表中计算语文的平均分。

```
>>> import openpyxl
>>> wb4 = openpyxl.load_workbook('example.xlsx')
>>> sheet = wb4.get_sheet_by_name('Sheet1')
>>> sheet['B12'] = ' = average(B3:B10) '
>>> wb4.save('example.xlsx')
```

8.5   图形用户界面

图形用户界面（Graphical User Interface，GUI）是用户和程序交互的媒介，向用户提供了图形化的人机交互方式，使人机交互更简单直接。Python 中常见的 GUI 有标准库 tkinter 以及第三方库 wxPython、PyQt、PySide，本节简单介绍 wxPython 及 PySide2 的使用。

GUI 开发采用的面向对象程序设计的方式，先简单介绍其思想：面向对象程序设计是按照人们认识客观世界的思维方式，采用基于对象的概念建立问题模型，模拟客观世界，分析、设计和实现软件的方法。面向对象程序设计以对象为程序的主体，把程序和数据封装于其中，提高软件的重用性、灵活性或扩展性。类是面向对象程序设计的基础，把数据和作用于数据上的操作组合在一起。类定义了由该类实例化得到的所有对象的共同特性。

Python 中，定义类的一般形式为：

class 类名：
    类体

定义好类之后，即可创建类的实例（对象）。类的实例化形式为：

对象名 = 类名(参数列表)

创建对象时，Python 首先创建对象，然后检查该类是否实现了__init()__方法，实例属

205

第8章

性一般都在该方法中定义，定义和使用时必须以 self 作为前缀，self 表示对象本身。

创建好对象之后就可以访问类的属性和方法，一般形式为：

对象名. 属性名
对象名. 方法名

8.5.1 wxPython 库

wxPython 是 Python 的一个 GUI 第三方库。使得程序员能够轻松地创建具有强大功能的图形用户界面程序。

1. 安装

在命令提示符中输入"pip install wxpython"即可自动安装。

2. 创建顶层窗口

【例 8-20】 利用 wxPython 创建一个简单的窗口

```
1   ♯ E8 - 20.py
2   import wx
3   class  App(wx.App):
4       def OnInit(self):
5           self.frame = wx.Frame(parent = None,title = "ABC")
6           self.frame.Show()
7           self.SetTopWindows(self.frame)
8           return True
9   if __name__ == '__main__':
10      app = App()
11      app.MainLoop()
```

一个基本的 wxPython 程序所必需的 5 个基本步骤如下。

（1）导入必需的 wxPython 包。

（2）实例化 wxPython 应用程序类。

（3）定义一个应用程序的实例化方法。

（4）创建一个应用程序类的实例。

（5）进入这个应用程序的主事件循环。

导入 wx 之后，就可以创建应用程序（application）对象和窗口（frame）对象。每个 wxPython 程序必须有一个 application 对象和至少一个 frame 对象。application 对象必须是 wx. App 的一个实例或者是 OnInit()方法中定义的一个子类的实例。OnInit()方法在程序启动时就会被 wx. App 调用。

```
1   import wx
2   class MyApp(wx.App):
3       def OnInit(self):
4           frame = wx.Frame(parent = None,id = - 1,title = "ABC")
5           frame.Show()6           return True
```

上面代码定义了一个名为 MyApp 的类。通常在 OnInit()方法中创建 frame 对象。上面的 wx. Frame 接收三个参数。调用 Show()方法使 frame 可见，否则不可见。通过给 Show()方法一个布尔值参数来设定 frame 的可见性：frame. Show(False)是窗口不可见；

frame. Show(True)表示窗口可见 True 是默认值。

上面代码中没有给应用程序类定义__init__()方法。Python 会自动调用父类的方法 wx. App. __init()__。如果需要自定义__init__()方法,则需要调用基类的__init__()方法,示例如下:

```
1  class App(wx.App):
2      def __init__(self):
3          wx.App.__init__(self)
4  app = App()
5  app.MainLoop()
```

这是创建类 App 的实例,并且调用它的 MainLoop()方法。进入主事件循环之后,控制权就将转交给 wxPython。wxPython GUI 主要是响应用户的鼠标和键盘事件。当一个应用程序的所有窗口被关闭后,这个 app. MainLoop()方法将返回且程序退出。

```
1  if __name__ = '__main__':
2      app = App()
3      app.MainLoop()
```

这个是 Python 中通常用来测试该模块是作为程序独立运行还是被另一模块所导入。通常检查该模块的__name__属性实现。

任何 wxPython 应用程序都需要一个应用程序对象。这个对象必须是类 wx. App 或其子类的一个实例。应用程序对象的主要目的是管理幕后的主事件循环。这个事件循环响应于窗口系统事件并分配它们给适当的事件处理器。这个应用程序对象很重要,没有创建该对象之前是不能创建任何 wxPython 图形对象的。

创建和使用 wx. App 子类的步骤如下。

(1) 定义子类。

(2) 在定义的子类中写一个 OnInit()方法。

(3) 在程序的主体部分创建这个类的实例。

(4) 调用应用程序实例的 MainLoop()方法。这个方法将程序的控制权转交给 wxPython。

OnInit()方法在应用程序开始时并在主事件循环开始前被 wxPython 系统调用。该方法不需要参数并返回一个布尔值,如果返回值是 False,则应用程序立即退出。要求自定义的类的初始化通常都由 OnInit()方法管理,而不在 Python 的__init__方法中。通常在 OnInit()方法中至少要创建一个窗口对象,并调用该框架的 Show()方法。

当应用程序的顶级窗口被关闭时,wxPython 应用程序就退出。这里的顶层窗口指的是没有任何父对象的框架。

3. 创建控件

1) 窗口(框架)

在 wxPython 中,wx. Frame 是所有框架的父类。当创建 wx. Frame 子类时,它会调用其父类的构造器 wx. Frame. __init__()。wx. Frame 的构造函数如下:

```
Frame(parent, id, title, pos, size, style, name)
```

参数的含义如表 8-12 所示。

表 8-12　窗口控件参数

参　　数	含　　义
parent	窗口的父窗口。对于顶级窗口,值为 one
id	新创建窗口的 ID 号。默认为−1,Python 会自动编号
title	窗口的标题
pos	窗口相对于屏幕左上角的位置。默认为(−1,−1),系统决定位置
size	窗口的大小。默认为(−1,−1),系统决定尺寸
style	指定窗口的类型
name	窗口的名称

这些参数会被传递给父类的构造器方法 wx. Frame. __init__()。

注意:下面介绍控件的构造函数中的参数和表 8-12 中的含义相同,就不再分别介绍了。

创建顶级窗口的方法如下:

```
1   class MyFrame(wx.Frame):
2       def __init__(self):
3           wx.Frame.__init__(self,None, - 1,"My
4   wxPython",(100,100),(100,100))
```

2) 控件绑定事件

经过上面的学习我们已经创建了一个空的框架。下面介绍在框架中插入对象和子窗口的方法。

【例 8-21】　在框架中插入对象和子窗口。

```
1   ♯E8 − 21. py
2   import wx
3   class InsertFrame(wx.Frame):
4       def __init__(self,parent,id):
5           wx.Frame.__init__(\
6           self,parent,id,'Frame with button',size = (300,100))
7           panel = wx.Panel(self)
8           button = wx.Button(\
9           panel,label = "关闭",pos = (125,10),size = (50,50))
10          self.Bind(wx.EVT_BUTTON,self.OnCloseMe,button)
11          self.Bind(wx.EVT_CLOSE,self.OnCloseWindow)
12      def OnCloseMe(self,event):
13          self.Close(True)
14      def OnCloseWindow(self,event):
15          self.Destroy()
16  if __name__ == '__main__':
17      app = wx.App()
18      frame = InsertFrame(parent = None,id = - 1)
19      frame.Show()
20      app.MainLoop()
```

上述代码中类 InsertFrame 的方法 __init__ 创建了两个控件。一个是 wx. Panel,它是其他窗口的容器。另一个是 wx. Button,这是一个普通按钮。按钮的单击事件和窗口的关闭事件被绑定了相应的函数,当事件发生时这些相应的函数将被调用执行。wx.Panel 的实例是容纳框架上所有内容的容器。在 wxPython 中给某一个窗口添加子窗口只需要在子窗口创建时指定父窗口就可以实现。

事件处理是 wxPython 的基本机制。事件就是程序中发生的事,程序通过触发相应的方法以响应它。wxPython 应用程序通过将特定类型的事件和特定的一段代码相关联来工作,该代码在响应事件时执行。事件被映射到代码的过程称为事件处理。

常用术语如下。

- 事件(event):应用程序发生的事情,它要求有一个响应。
- 事件对象(event object):代表一个事件,是类 wx.Event 或其子类的实例,如 wx. CommandEvent 和 wx.MouseEvent。
- 事件源(event source):任何 wxPython 对象都能产生事件。例如按钮、菜单、列表框和任何别的窗口部件。
- 事件处理器(event handler):响应事件时所调用的函数或方法。也称作处理器函数或处理器方法。
- 事件绑定器(event binder):一个封装了特定窗口部件、特定事件类型和一个事件处理器的 wxPython 对象。所有事件处理器必须用事件绑定器注册。

在 wxPython 代码中,事件和事件处理器是基于相关的窗口部件的。例如一个按钮的单击被分派给一个基于该按钮的专用的事件处理器。为了把一个来自特定窗口部件的事件绑定到一个特定的处理器方法,需要使用一个绑定器对象来管理这个连接,例如:

```
self.Bind(wx.EVT_BUTTON,self.OnClick,Button1)
```

预定义的事件绑定器对象 wx.EVT_BUTTON 把 Button1 上的按钮单击事件与 self. OnClick 方法关联起来。

常用的 Bind()方法创建事件绑定,用法如下:

```
Bind(event,handler,source = None,id = wx.ID_ANY,id2 = wx.ID_ANY)
```

Bind()方法将一个事件和一个对象与一个事件处理器函数关联起来。参数 event 是必选项;参数 handler 也是必选项,通常是一个被绑定的方法或函数。source 是产生该事件的控件。

【例 8-22】 按钮绑定事件举例。

```
1    #E8 - 22.py
2    import wx
3    class DoubleEventFrame(wx.Frame):
4        def __init__(self,parent,id):
5            wx.Frame.__init__(self,parent,id,"双重绑定",size = (300,300))
6            self.panel = wx.Panel(self, - 1)
7            self.button = wx.Button(self.panel, - 1,"开始!",pos = (100,15))
8            self.Bind(wx.EVT_BUTTON,self.OnButton,self.button)
9            self.button.Bind(wx.EVT_LEFT_DOWN,self.OnMouse)
10       def OnButton(self,event):
11           self.panel.SetBackgroundColour("red")
12           self.panel.Refresh()
13       def OnMouse(self,event):
14           self.button.SetLabel("离开!")
```

```
15 if __name__ == '__main__':
16     app = wx.App()
17     frame = DoubleEventFrame(parent = None, id = -1)
18     frame.Show()
19     app.MainLoop()
```

需要注意的是,绑定按钮的单击事件到 OnButtonClick()方法,该方法改变窗口的背景色。绑定鼠标左键按下事件到 OnMouseDown()方法,这个方法改变的是标签的文本。这两种绑定的区别在于鼠标左键按下事件不是命令事件,所以它必须绑定到按钮(self.button.Bind())而不是窗口(self.Bind())。该例中首先被触发的是鼠标左键按下事件,随着鼠标左键的释放,才会产生 wx.EVT_BUTTON 的单击事件。

3) 静态文本

在 wxPython 中使用类 wx.StaticText 来生成静态文本。在 wx.StaticText 中,可以改变文本的对齐方式、字体和颜色。构造函数如下:

wx.StaticText(parent, id, label, pos, size, style, name)

参数 label 表示在静态文本中显示的字符。

【例8-23】 在窗口中添加两个静态文本。

```
1  #E8-23.py
2  import wx
3  class StaticTextFrame(wx.Frame):
4      def __init__(self):
5          wx.Frame.__init__(self, None, -1, "静态文本", size = (400,300))
6          panel = wx.Panel(self, -1)
7          wx.StaticText(panel, -1, "静态文本展示1", (100,10))
8          rev = wx.StaticText(panel, -1, "设置颜色的静态文本", (100,30))
9          rev.SetForegroundColour("white")
10         rev.SetBackgroundColour("red")
11 if __name__ == "__main__":
12     app = wx.App()
13     frame = StaticTextFrame()
14     frame.Show()
15     app.MainLoop()
```

这段代码是在窗口中显示最基本的静态文本以及设计前景色和背景色的静态文本。修改静态文本样式的方法是在创建静态文本时指定 style 的值,常见的选项有:wx.ALIGN_CENTER 表示静态文本位于静态文本控件的中心;wx.ALIGN_LEFT 表示文本在控件中左对齐,这是默认设置;wx.ALIGN_RIGHT 表示文本在控件中右对齐。

4) 文本框

wxPython 创建文本框的类是 wx.TextCtrl,允许用户输入单行和多行文本,也可以作为密码的输入控件。wx.TextCtrl 类的构造函数如下:

wx.TextCtrl(parent, id, value, pos, size, style, validator, name)

value 表示显示在文本框中的初始值。validator 通常用于过滤数据以保证只能输入要接收的数据。

文本框常用样式如表 8-13 所示。

表 8-13 文本框常用样式

样 式	含 义
wx. TE_CENTER	文本居中显示
wx. TE_LEFT	默认值。文本左对齐
wx. TE_RIGHT	文本右对齐
wx. TE_PASSWORD	用星号遮盖输入的文本
wx. TE_READONLY	控件设置为只读

文本框控件除了根据用户的输入修改文本之外,wx. TextCtrl 还提供了在程序中修改文本的方法。

AppendText(text):在尾部添加文本。

clear():清空文本框中的内容。

SetValue(value):用 value 值替换文本框中现有的数据。

GetValue():返回文本框中的字符串。

WriterText(text):与 AppendText()类似,只是文本被放置到当前的插入点。

【例 8-24】 构建登录窗口。在窗口中添加两个文本框,第一个文本框用于输入用户名;第二个文本框用于输入密码,设置为密码格式,输入的内容被遮盖显示。

```
1   #E8 - 24.py
2   import wx
3   class TextFrame(wx.Frame):
4       def __init__(self):
5           wx.Frame.__init__(self,None, -1,"文本框",size = (200,160))
6           panel = wx.Panel(self, -1)
7           label1 = wx.StaticText(panel, -1,"用户名:",pos = (20,20))
8           text1 = wx.TextCtrl(panel, -1,pos = (80,20),size = (80, -1))
9           text1.SetInsertionPoint(0)
10          pwdlabel = wx.StaticText(panel, -1,"密码:",pos = (20,80))
11          pwdtext = wx.TextCtrl(panel, -1,pos = (80,80),\
12              size = (80, -1), style = wx.TE_PASSWORD)
13  if __name__ == "__main__":
14      app = wx.App()
15      frame = TextFrame()
16      frame.Show()
17      app.MainLoop()
```

程序运行结果如图 8-24 所示。

5)按钮

按钮是图形用户界面里面应用最广泛的一个控件,主要用于捕获用户的单击事件。wxPython 提供了多种类型的按钮,包括文本按钮、位图按钮、开关按钮以及通用按钮,下面简单介绍最常用的文本按钮 wx. Button,其构造函数为:

图 8-24 文本框的添加

wx. Button(parent, id, label, pos, size, style, validator, name)

参数 label 是显示在按钮上的文本,可以在程序运行期间使用 SetLabel()修改,使用

GetLabel()来获取。按钮被单击时触发一个命令事件,事件类型是 EVT_BUTTON。把命令事件与事件的处理方法用 Bind()绑定,然后再编写事件的处理方法,就可以实现按钮与事件的绑定。例如,self. button1. Bind(wx. EVT_LEFT_DOWN,self. MouseDown),具体的功能需要在 MouseDown()方法中编写程序实现。

【例 8-25】 实现一个简单的加法器,把输入到文本框 1 和文本框 2 里的数值相加,结果显示在文本框 3 中。

```
1   #E8 - 25.py
2   import wx
3   class CopyText(wx. Frame):
4       def __init__(self,parent,id):
5           wx. Frame. __init__ (\
6           self,parent,id,"简单加法器",size = (220,150))
7           self. panel = wx. Panel(self)
8           self. text1 = wx. TextCtrl(self. panel,pos = (20,20),size = (30,20))
9           self. text2 = wx. TextCtrl(self. panel,pos = (60,20),size = (30,20))
10          self. text3 = wx. TextCtrl(self. panel,pos = (100,20),size = (60,20))
11          self. button1 = wx. Button(self. panel, - 1,"计算",pos = (120,100))
12          self. button1. Bind(wx. EVT_LEFT_DOWN,self. MouseDown)
13      def MouseDown(self,event):
14          self. mousedown()
15      def mousedown(self):
16          msg = str(eval(self. text1. GetValue() + " + " + self. text2. GetValue()))
17          self. msg = msg
18          self. text3. SetValue(msg)
19  if __name__ == "__main__":
20      app = wx. App()
21      frame = CopyText(parent = None,id = - 1)
22      frame. Show()
23      app. MainLoop()
```

图 8-25 利用 wxPython
制作的加法器

程序运行结果如图 8-25 所示。

6) 滑块

滑块允许用户拖动指示器来选择数值。控件类是 wx. Slider,它的构造函数为:

wx. Slider(parent, id, value, minValue, maxValue, pos, size, style, validator,name)。

其中,value 是滑块的初始值,minValue 和 maxValue 是滑块两端的最大值以及最小值。

滑块的主要样式如表 8-14 所示。

表 8-14 滑块的主要样式

样 式	含 义
wx. SL_AUTOTICKS	显示刻度
wx. SL_HORIZONTAL	水平滑块
wx. SL_LEFT	垂直滑块,刻度位于滑块的左边
wx. SL_RIGHT	垂直滑块,刻度位于滑块的右边
wx. SL_TOP	水平滑块,刻度位于滑块的上方
wx. SL_VERTICAL	垂直滑块

【例 8-26】 移动滑块调整静态文本的字号。

```
1    #E8 - 26.py
2    import wx
3    class Slider(wx.Frame):
4        def __init__(self):
5            wx.Frame.__init__(self,None,-1,"滑块",size = (400,200),)
6            panel = wx.Panel(self,-1)
7            self.count = 0
8            self.slider1 = wx.Slider(\
9            panel,-1,1,1,100,pos = (10,30),size = (250,-1),
10           style = \
11           wx.SL_HORIZONTAL\
12           |wx.SL_AUTOTICKS|wx.SL_LABELS)
13           self.slider1.SetTickFreq(10)
14           self.text = wx.StaticText(\
15           panel,-1,label = "大家好!",pos = (50,100),size = (100,100,))
16           self.slider1.Bind(wx.EVT_SLIDER,self.OnChecked)
17           self.font = wx.Font(\
18           10,wx.DEFAULT,wx.NORMAL,wx.NORMAL)
19       def OnChecked(self,event):
20           obj = event.GetEventObject()
21           val = obj.GetValue()
22           font = wx.Font(\
23           val,wx.DEFAULT,wx.NORMAL,wx.NORMAL)
24           self.text.SetFont(font)
25   if __name__ == "__main__":
26       app = wx.App()
27       Slider().Show()
28       app.MainLoop()
```

程序运行结果如图 8-26 所示。

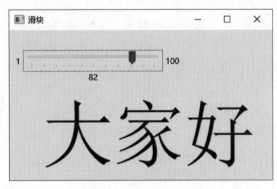

图 8-26 滑块调整标签字号

7）微调按钮

微调按钮是文本控件和一对箭头按钮的组合，它用于调整数值。构造函数为：

wx.SpinCtrl(parent,id,value,pos,size,style,min,max,initial,name)

可以在构造函数中使用 min 和 max 设置按钮数值的边界范围，用 initial 设置按钮的初始值。也可以在创建完按钮之后利用 SetRange()设置范围，SetValue()设置初始值。

【例 8-27】 利用微调按钮的数值修改静态文本标签的字号。

```
1   #E8 - 27.py
2   import wx
3   class Spinner(wx.Frame):
4       def __init__(self):
5           wx.Frame.__init__(self,None, - 1,"微调按钮",size = (200,200),)
6           panel = wx.Panel(self, - 1)
7           self.sc = wx.SpinCtrl(\
8           panel, - 1,pos = (30,20),size = (80, - 1),min = - 1,max = 200,initial = 20)
9           self.text = wx.StaticText(\
10          panel, - 1,label = "大家好!",pos = (50,100),size = (100,100,))
11          self.sc.Bind(wx.EVT_SPINCTRL,self.OnChecked)
12          self.font =  wx.Font(\
13          10, wx.DEFAULT, wx.NORMAL, wx.NORMAL)
14      def OnChecked(self,event):
15          obj = event.GetEventObject()
16          val = obj.GetValue()
17          font = \
18          wx.Font(val,wx.DEFAULT, wx.NORMAL, wx.NORMAL)
19          self.text.SetFont(font)
20  if __name__ == "__main__":
21      app = wx.App()
22      Spinner().Show()
23      app.MainLoop()
```

图 8-27 微调按钮调整
标签字号

程序运行结果如图 8-27 所示。

8) 复选框

复选框是带文本标签的开关按钮。复选框通常成组出现,但每个选项都是互相独立的。复选框是 wx.CheckBox 的实例,构造函数为:

wx.CheckBox(parent,id,label,pos,size,style,name)

style 属性的默认值是 wx.CHK_2STATE,表示创建普通复选框,另外的两个值为 wx.CHK_3STATE 以及 wx.ALIGN_RIGHT,分别表示创建三态复选框和标签在按钮左侧。

wx.EVT_CHECKBOX 是常用命令事件,在复选框选中或取消选中时被触发。

GetState()方法获取复选框是否被选中,返回值是 True 或者 False。

SetValue()方法是在程序运行时选择一个复选框。

【例 8-28】 在一个窗口内添加三个复选框,单击某一复选框时会把该复选框的标签显示到静态文本中。

```
1   #E8 - 28.py
2   import wx
3   class CheckBox(wx.Frame):
4       def __init__(self):
5           wx.Frame.__init__(\
```

```
6            self, None, -1, "复选框", size = (300, 200))
7          panel = wx.Panel(self, -1)
8          self.cb1 = wx.CheckBox(panel, -1, \
9            "选项1", (50, 40), (100, 20), style = wx.ALIGN_RIGHT)
10         self.cb2 = wx.CheckBox(panel, -1, \
11           "选项2", (50, 60), (100, 20), style = wx.CHK_3STATE)
12         self.cb3 = wx.CheckBox(panel, -1, "选项3", (50, 80), (100, 20))
13         self.text1 = wx.StaticText(panel, -1, pos = (120, 100), size = (100, 20))
14         self.text2 = wx.StaticText(\
15           panel, -1, label = "您选择的是：", pos = (50, 100), size = (100, 20))
16         self.Bind(wx.EVT_CHECKBOX, self.OnChecked)
17     def OnChecked(self, event):
18         cb = event.GetEventObject()
19         if cb.GetValue() == True:
20             self.text1.SetLabel(cb.GetLabel())
21         else:
22             self.text1.SetLabel("")
23 if __name__ == "__main__":
24     app = wx.App()
25     CheckBox().Show()
26     app.MainLoop()
```

程序运行结果如图 8-28 所示。

9）单选按钮

单选按钮是允许用户从多个选项中选择其中一个
选项的控件。在 wxPython 中有两种创建单选按钮的
方法，一种是利用 wx.RadioButton，另外一种比较常
用的是利用 wx.RadioBox。第二种是把多个按钮放置
在一个矩形框中统一管理。wx.RadioBox 的构造函
数为：

图 8-28 复选框字符修改静态文本

wx.RadioBox(parent, id, label, pos, size, choices, majorDimension, style, validator, name)

label 是静态文本，在单选框的边框时显示。RadioBox 常用的命令事件是 wx.EVT_
RADIOBOX，是鼠标单击时响应的事件。

常用方法如下。

EnableItem(n, flag)：使索引为 n 的按钮有效或无效（索引从 0 开始）。flag 是布尔值。

GetCount()：返回组中按钮的数量。

GetItemLabel(n)：获取索引为 n 的按钮的字符串标签。

【例 8-29】 用 RadioBox 创建了有三个按钮的单选按钮组，单击某选项其对应的标签
显示到静态文本中。

```
1  # E8-29.py
2  import wx
3  class Spinner(wx.Frame):
4      def __init__(self):
5          wx.Frame.__init__(self, None, -1, "单选按钮", size = (250, 180))
6          panel = wx.Panel(self, -1)
```

```
7              sampleList = ['选项 1',"选项 2","选项 3"]
8              self.rb = wx.RadioBox(panel, - 1,\
9              "单选按钮组",(10,10),wx.DefaultSize,\
10             sampleList,3,wx.RA_SPECIFY_COLS)
11             self.text1 = wx.StaticText(panel, - 1,pos = (120,100),size = (100,20))
12             self.text2 = wx.StaticText(\
13             panel, - 1,label = "您选择的是: ",pos = (20,100),size = (100,20))
14             self.Bind(wx.EVT_RADIOBOX,self.OnChecked)
15     def OnChecked(self,event):
16             rb = event.GetEventObject()
17             self.text1.SetLabel(rb.GetStringSelection())
18 if __name__ == "__main__":
19     app = wx.App()
20     Spinner().Show()
21     app.MainLoop()
```

程序运行结果如图 8-29 所示。

10) 列表框

列表框的选项放置在一个窗口中,用户可以选择一个或多个选项。列表框是 wx.ListBox 的实例。它的构造函数如下:

图 8-29　单选按钮字符修改静态文本

```
wx.ListBox(parent, id, pos, size, choices, style, validator, name)
```

列表框中的数据在 choices 中设置,该参数是一个字符串序列。列表框有三种互斥的样式,如表 8-15 所示。

表 8-15　列表框样式

样　　式	含　　义
wx.LB_EXTENDED	允许用 Shift 键配合鼠标选择连续的选项
wx.LB_MULTIPLE	允许一次选择多个不连续的选项
wx.LB_SINGLE	每次只能选择一个选项
wx.LB_SORT	列表中选项按字母顺序排列

列表框有两个专用的命令事件:EVT_LISTBOX 事件是在选中列表中任一选项时被触发。EVT_LISTBOX_DCLICK 表示的是列表中选项被双击时触发的事件。

列表框的常用方法如表 8-16 所示。

表 8-16　列表框的常用方法

方　　法	含　　义
Append(item)	把字符串添加到列表框的尾部
Clear()	清空列表框
Delete(n)	删除列表框中索引为 n 的选项
GetString(n)	获取索引号为 n 的选项的字符串
SetString(n,string)	用字符串 string 修改索引号为 n 的选项

【例 8-30】 生成一个列表框,单击选项后把选项的标签显示在静态文本中。

```
1   ♯E8 - 30.py
2   import wx
3   class listBox(wx.Frame):
4       def __init__(self):
5           wx.Frame.__init__(self,None, - 1,"列表框",size = (200,200),)
6           panel = wx.Panel(self, - 1)
7           sampleList = ["选项 1","选项 2","选项 3","选项 4"]
8           listBox = wx.ListBox(panel, - 1,(50,20),(80,80),sampleList)
9           listBox.SetSelection(2)
10          self.text1 = wx.StaticText(panel, - 1,pos = (120,120),size = (100,20))
11          self.text2 = wx.StaticText(\
12          panel, - 1,label = "您选择的是: ",pos = (40,120),size = (100,20))
13          self.Bind(wx.EVT_LISTBOX,self.OnChecked)
14      def OnChecked(self,event):
15          lb = event.GetEventObject()
16          self.text1.SetLabel(lb.GetStringSelection())
17  if __name__ == "__main__":
18      app = wx.App()
19      listBox().Show()
20      app.MainLoop()
```

程序运行结果如图 8-30 所示。

图 8-30　列表框字符修改静态文本

8.5.2　PySide2 库

PySide2 是由 QT 开发维护的一个功能强大的 GUI 第三方库。本节介绍 PySide2 库的安装及使用。

1. 安装

打开命令提示符,输入"pip　install　pyside2"即可实现自动安装。

在安装完成 PySide2 库之后就可以在编辑器中通过 from...import...或直接 import 导入即可使用。下面简单介绍常用子模块的功能。

QtCore:为图形界面程序提供强大的功能支持,如动画、事件相应、输入输出对象等功能。

Qtgui:提供图形窗口集成、图形事件处理字体和文本等子类。

QtWidget:提供了大量的常用控件及其布局。

2. 使用

用 PySide2 编写图形用户界面的步骤如下。

(1) 实例化一个 QApplication 对象,用于 GUI 的初始化。

(2) 实例化一个 QMainWindow 对象,定义图形窗口。

(3) 调用 QMainWindow 对象的 show()方法,显示图形窗口。

(4) 用内置模块 sys 的 exit()方法侦听 GUI 的退出信号,以便退出程序。

1) 窗口

【例 8-31】 利用 PySide2 编写一个空白图形界面窗口。

```
1  ♯E8-31.py
2  from PySide2 import QtWidgets
3  import sys
4  class App(QtWidgets.QMainWindow):
5      def __init__(self):
6          super().__init__()
7  def main():
8      app = QtWidgets.QApplication(sys.argv)
9      gui = App()
10     gui.show()
11     sys.exit(app.exec_())
12 if __name__ == '__main__':
13     main()
```

图 8-31　空白窗口

程序运行结果如图 8-31 所示。

上面的代码通过 QtWidgets. QMainWindow()类实现了一个空白窗口,QMainWindow()控件提供了创建图形界面的框架,可以把菜单栏、工具栏、状态栏等控件添加进去。

2) 菜单栏

【例 8-32】 在窗口中添加有三个菜单的菜单栏。

```
1  ♯E8-32.py
2  from PySide2 import QtWidgets
3  import sys
4  class App(QtWidgets.QMainWindow):
5      def __init__(self):
6          super().__init__()
7          menu1 = QtWidgets.QMenuBar(self)
8          menu1.setFixedWidth(200)
9          menu1.addMenu("文件")
10         menu1.addMenu("编辑")
11         menu1.addMenu("关于")
12 def main():
13     app = QtWidgets.QApplication(sys.argv)
14     gui = App()
15     gui.show()
16     sys.exit(app.exec_())
17 if __name__ == '__main__':
18     main()
```

程序运行结果如图 8-32 所示。

菜单栏包含了添加的三个菜单,因为还没有绑定具体的事件,所以现在单击菜单还没有任何操作。

3）布局

PySide2 提供了两种管理控件布局的方法：绝对位置和布局

图 8-32　菜单栏

……详细位置，布局容器自动安排控件
……容器共有 5 种方法，本节使用的都
……绍用法。

……于把窗口分成 n 行 2 列，行数由开发者根据控件的数量决
……具体做法是先由 QFormLayout()类实例化一个对象，然后
……Row()方法处理即可。

……5 个控件，用 QFormLayout()处理。

```
…gets

…ainWindow):

…()
…ts.QWidget()
…ts.QFormLayout()
…layout)
…Widgets.QPushButton("确定")
…Widgets.QPushButton("取消：")
…dgets.QLabel("用户名：")
…dgets.QLabel("密码：")
…dgets.QLabel("是")
…f.label1,self.label2)
…f.button3)
…f.button1,self.button2)
…dget(widget)

…ication(sys.argv)
```

图 8-33　布局管理

- addRow()方法的参数不能超过两个。
- 各行的顺序由 addRow()在代码中出现的顺序决定。
- self. setCentralWidget(widget)的含义是把 widget 指定为
  中央控件。主窗口的中央控件是显示窗口的基础，一般都
  指定为 widget，如果不指定中央控件，则容易导致窗口中的控件无法显示。

4）按钮

在 PySide2 中，按钮控件在 QtWidgets 子模块下，名为 QPushButton()。生成显示文字
为"确定"的按钮的命令是：button1＝QtWidgets. QPushButton("确定")。指定按钮尺寸
的命令是：button1. setFixedSize(80,80)。

219

第
8
章

【例 8-34】 在窗口中添加两个按钮,显示文字分别为"确定"和"取消"。

```
1   #E8-34.py
2   from PySide2 import QtWidgets
3   import sys
4   class Button(QtWidgets.QMainWindow):
5       def __init__(self):
6           super().__init__()
7           widget = QtWidgets.QWidget()
8           layout = QtWidgets.QFormLayout()
9           widget.setLayout(layout)
10          button1 = QtWidgets.QPushButton("确定")
11          button2 = QtWidgets.QPushButton("取消")
12          layout.addRow(button1,button2)
13          self.setCentralWidget(widget)
14  if __name__ == '__main__':
15      app = QtWidgets.QApplication(sys.argv)
16      gui = Button()
17      gui.show()
18      sys.exit(app.exec_())
```

图 8-34　添加按钮

程序运行结果如图 8-34 所示。

上述程序只是简单地添加了两个按钮,单击按钮没有任何操作。在 PySide2 中,按钮内置了 clicked 事件。self.button2.clicked.connect(self.clicks)的含义是 button2 绑定 clicks()方法。单击 button2 的实现代码要在 clicks()中编写。下面代码实现的功能是单击 button2 后,button2 显示的文字由"取消"变为"否"。

```
def clicks(self):
    self.button2.setText("否")
```

【例 8-35】 完善例 8-34 中代码功能。单击"确定"按钮时,显示文字变为"是";单击"取消"按钮时,显示文字变为"否"。

```
1   #E8-35.py
2   from PySide2 import QtWidgets
3   import sys
4   class ButtonBd(QtWidgets.QMainWindow):
5       def __init__(self):
6           super().__init__()
7           widget = QtWidgets.QWidget()
8           layout = QtWidgets.QFormLayout()
9           widget.setLayout(layout)
10          self.button1 = QtWidgets.QPushButton("确定")
11          self.button2 = QtWidgets.QPushButton("取消:")
12          layout.addRow(self.button1,self.button2)
13          self.button1.clicked.connect(self.clicks1)
14          self.button2.clicked.connect(self.clicks2)
15          self.setCentralWidget(widget)
16      def clicks1(self):
17          self.button1.setText("是")
18      def clicks2(self):
19          self.button2.setText("否")
```

```
20  if __name__ == '__main__':
21      app = QtWidgets.QApplication(sys.argv)
22      gui = ButtonBd()
23      gui.show()
24      sys.exit(app.exec_())
```

程序运行结果如图 8-35 所示。

5）标签

标签是 QLabel 类的实例。用于信息的输出或显示。标签中显示的信息既可以在创建标签时设置，也可以在程序运行中修改。创建并指定尺寸的代码为：

图 8-35　按钮事件

```
label1 = QtWidgets.QLabel("大家好!")
label1.setFixedSize(60,60)
```

在程序运行过程中修改标签内容的方法是用标签的 setText() 方法。

【例 8-36】　在窗口中添加了两个标签和一个按钮，两个标签的初始状态分别显示"用户名："和"密码："，单击按钮之后分别变为"ID："和"PassWord："。

```
1   # E8 - 36.py
2   from PySide2 import QtWidgets
3   import sys
4   class Label(QtWidgets.QMainWindow):
5       def __init__(self):
6           super().__init__()
7           widget = QtWidgets.QWidget()
8           layout = QtWidgets.QFormLayout()
9           widget.setLayout(layout)
10          self.button1 = QtWidgets.QPushButton("确定")
11          self.button2 = QtWidgets.QPushButton("取消: ")
12          self.label1 = QtWidgets.QLabel("用户名: ")
13          self.label2 = QtWidgets.QLabel("密码: ")
14          layout.addRow(self.label1,self.label2)
15          layout.addRow(self.button1,self.button2)
16          self.button1.clicked.connect(self.clicks1)
17          self.button2.clicked.connect(self.clicks2)
18          self.setCentralWidget(widget)
19      def clicks1(self):
20          self.label1.setText("ID: ")
21      def clicks2(self):
22          self.label2.setText("PassWord: ")
23  if __name__ == '__main__':
24      app = QtWidgets.QApplication(sys.argv)
25      gui = Label()
26      gui.show()
27      sys.exit(app.exec_())
```

程序运行结果如图 8-36 所示。

6）文本框

文本框是 QLineEdit 类的实例，允许用户输入编辑单行的文本。创建方法为：text1 = QtWidgetsQLineEdit() 和 text2 = QtWidgetsQline("字符串")，二者的区别就在于文本框的初始状

图 8-36　标签

第8章

态是否为空。

获取文本框存储数据用文本框的 text() 方法，如 val＝text1. text() 的含义是把 text1 存储的数据赋值给变量 val。在程序中修改文本框存储数据用的是 setText() 方法，如 text2. setText(val) 的含义是把变量 val 显示到 text2 中。

设为只读模式的命令：text1. setReadOnly(True)。

设为密码模式的命令：text1. setEchoMode(QtWidgets. QLineEdit. Password)。

【例 8-37】 利用文本框实现的是简单的加法器。

```
1   # E8 - 37.py
2   from PySide2 import QtWidgets
3   import sys
4   class Plus(QtWidgets.QMainWindow):
5       def __init__(self):
6           super().__init__()
7           widget = QtWidgets.QWidget()
8           layout = QtWidgets.QFormLayout()
9           widget.setLayout(layout)
10          self.button1 = QtWidgets.QPushButton("求和")
11          self.button2 = QtWidgets.QPushButton("取消: ")
12          self.text1 = QtWidgets.QLineEdit()
13          self.text2 = QtWidgets.QLineEdit()
14          self.text3 = QtWidgets.QLineEdit()
15          self.text3.setFixedSize(50,20)
16          layout.addRow(self.text1,self.text2)
17          layout.addRow(self.text3)
18          layout.addRow(self.button1,self.button2)
19          self.button1.clicked.connect(self.clicks1)
20          self.setCentralWidget(widget)
21      def clicks1(self):
22          val1 = float(self.text1.text())
23          val2 = float(self.text2.text())
24          val3 = val1 + val2
25          val4 = str(val3)
26          self.text3.setText(val4)
27  if __name__ == '__main__':
28      app = QtWidgets.QApplication(sys.argv)
29      gui = Plus()
30      gui.show()
31      sys.exit(app.exec_())
```

程序运行结果如图 8-37 所示。

图 8-37 利用 PySide2 制作的加法器

8.6 其 他

8.6.1 pygame 库

pygame 是一个基于 SDL(Simple DirectMedia Layer)库开发的、面向游戏开发入门的 Python 第三方库,包含一组用来开发游戏软件的 Python 程序模块,提供了大量与游戏相关的底层逻辑和功能支持,并通过 OpenGL 和 Direct3D 底层函数提供对音频、键盘、鼠标和图形硬件的简洁访问。允许用户在 Python 程序中创建功能丰富的游戏和多媒体程序。pygame 是一个高可移植性的模块可以支持多个操作系统。用它来开发小游戏非常适合。

【例 8-38】 小游戏开发举例。

```
1   #E8-38.py
2   import pygame
3   bkgd_im = 'bkgd.jpg'                              #背景图
4   cursor_img = 'icon.png'                           #光标图
5   pygame.init()                                     #初始化硬件
6   screen = pygame.display.set_mode((960, 540), 0, 32)
7   #创建新窗口
8   pygame.display.set_caption('hello,world!')
9   #设置窗口标题
10  bkgd = pygame.image.load(bkgd_img).convert()
11  #加载图像
12  cursor = pygame.image.load(cursor_img).convert_alpha()
13  while True:                                       #游戏主循环
14      for event in pygame.event.get():
15          if event.type == pygame.QUIT :
16              pygame.quit()
17              sys.exit()
18      screen.blit(bkgd, (0, 0))                     #画上背景图
19  x,y = pygame.mouse.get_pos()                      #计算光标位置
20      x -= cursor.get_width() // 2
21      y -= cursor.get_height() // 2
22      screen.blit(cursor, (x, y))                   #画光标
23  pygame.display.update()                           #刷新画面
```

程序运行结果如图 8-38 所示。

8.6.2 PIL 库

图像处理是一门应用非常广的技术,PIL 库(Python Imaging Library)是 Python 语言在图像处理方面的重要第三方库。它支持图像存储、处理和显示,它能够处理几乎所有的图片格式,可以完成对图像的缩放、剪裁、叠加以及向图像添加线条、图像和文字等操作。使用 Python 语言处理图像相关的程序,首选 PIL 库。

图像归档(Image Archives)。PIL 非常适合于图像归档以及图像的批处理任务。我们可以使用 PIL 创建缩略图,转换图像格式,打印图像等。

图像展示(Image Display)。PIL 较新的版本支持包括 Tk PhotoImage,BitmapImage 还有 Windows DIB 等接口。PIL 支持众多的 GUI 框架接口,可以用于图像展示。

图 8-38　pygame 动画窗口

图像处理(Image Processing)。PIL 包括了基础的图像处理函数,包括对点的处理,使用众多的卷积核(convolution kernels)做过滤(filter),还有颜色空间的转换。PIL 库同样支持图像的大小转换,图像旋转,以及任意的仿射变换。PIL 还有一些直方图的方法,允许用户展示图像的一些统计特性。这个可以用来实现图像的自动对比度增强,还有全局的统计分析等。

【例 8-39】　查询图片 tuli.jpeg 的文件信息,结果如图 8-39 所示。

```
>>> from PIL import Image
>>> im = Image.open("tuli.jpeg")
>>> print(im.format, im.size, im.mode)
JPEG (500, 641) RGB
```

【例 8-40】　对图片 tuli.jpeg 文件添加滤镜,显示图片处理结果并保存,结果如图 8-40 所示。

```
>>> from PIL import Image,ImageFilter
>>> im = Image.open("tuli.jpeg")          # 打开图片文件
>>> im2 = im.filter(ImageFilter.BLUR)     # 添加滤镜效果
>>> im2.show()                            # 显示处理后的效果
>>> im2.save('blur.jpg', 'jpeg')          # 保存文件
```

【例 8-41】　对图片 tuli.jpeg 文件局部进行旋转、切割及重新粘贴,显示图片处理结果,结果如图 8-41 所示。

```
>>> from PIL import Image,ImageFilter
>>> im = Image.open("tuli.jpeg")
>>> location = (250, 250, 400, 400)       # 设置选取区域
>>> newimage = im.crop(location)          # 截取所选区域的图像内容
```

```
>>> newimage. show()
>>> newimage = newimage. transpose(Image. ROTATE_180)    ♯对选区进行旋转 180°的处理
>>> newimage. show()
>>> im. paste(newimage, location)                        ♯将处理后的内容粘贴至指定区域
>>> im. show()
```

　　图 8-39　原图　　　　　　　图 8-40　滤镜效果　　　　　　图 8-41　剪切旋转

上机练习 8

　　【题目 1】　下面的程序段生成图 8-42 所示的散点图。运行该程序,体会程序段中各函数的功能,并按如下要求修改程序:

　　(1) 将散点图中的数据点增加 1 倍;

　　(2) 将散点图中的每个数据点放大 1 倍;

　　(3) 将散点图中的数据点的表示图形变为圆点".";

　　(4) 将散点图中的数据点颜色改为红色。

```
1    ♯sy8 - 1. py
2    import numpy as np
3    import matplotlib. pyplot as plt
4    x = np. random. rand(100)
5    y = np. random. rand(100)
6    plt. scatter(x, y, s = x * 500, c = 'b', marker = ' * ')
7    plt. show()
```

　　【题目 2】　绘制条形图,如图 8-43 所示。

```
1    ♯sy8 - 2. py
2    import matplotlib. pyplot as plt
3    import matplotlib
4    matplotlib. rcParams['font. family'] = 'simhei'
5    ♯设置中文字体,注意 rcParams 区分大小写
6
7    score = [67, 89, 98, 80, 76]
8    name = ['刘新', '王一', '李琦', '周成', '孙浩']
9    plt. bar(name, score, width = 0.5, color = 'g')      ♯绘制条形图
10   plt. show()                                          ♯显示条形图
```

Python 第三方库安装及常用库

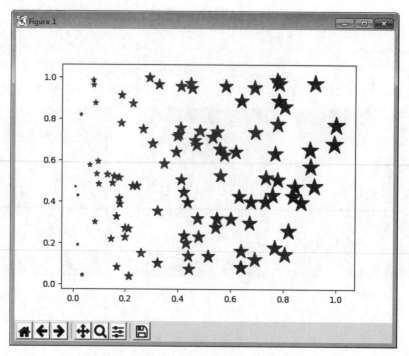

图 8-42　散点图的绘制

【题目 3】　绘制双条形图,如图 8-44 所示。

```
1    # sy8 - 3.py
2    import matplotlib.pyplot as plt
3    import matplotlib
4    matplotlib.rcParams['font.family'] = 'simhei'
5    #设置中文字体,注意 rcParams 区分大小写
6
7    score1 = [67,89,98,80,76]
8    score2 = [89,78,90,98,82]
9    name = ['刘新', '王一', '李琦', '周成', '孙浩']
10   bar_width = 0.25                           #为避免重叠,条形宽度变小了
11   waiyu = list(range(len(name)))
12   shuxue = list(i + bar_width for i in waiyu)  #计算第二个条形的位置
13   #绘制外语成绩条形图
14   plt.bar(name,score1,bar_width,color = 'g',label = '外语')
15   #绘制数学成绩条形图
16   plt.bar(shuxue,score2,bar_width,color = 'b',label = '数学')
17   plt.legend(loc = 'upper right')            #右上角显示图例
18   plt.savefig('shuangtiao.png')              #保存图像文件
19   plt.show()                                 #显示双条形图
```

　　【题目 4】　编程绘制如图 8-45 所示的饼图,labels = ['娱乐','育儿','饮食','房贷','交通','其他'],sizes = [2,5,12,70,2,9]。

　　【题目 5】　编程绘制如图 8-46 所示的 stem 图,可参考 matplotlib 官方网站。x=np.linspace(0.1,2 * np.pi,41),y=np.exp(np.sin(x))。

　　【题目 6】　利用 requests 库爬取 http://www.lnu.edu.cn 的网页内容。

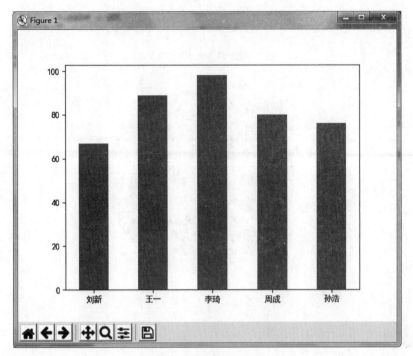

图 8-43　绘制条形图

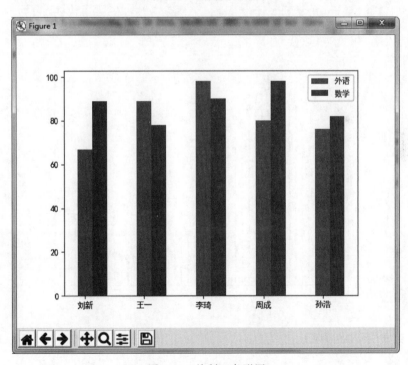

图 8-44　绘制双条形图

【题目7】　利用 scrapy 库爬取 http://www.lnu.edu.cn 的网页内容。

【题目8】　用 NLTK 对"神雕侠侣.txt"进行如下操作：查找字符串"九阴真经"在小说中出现的上下文，统计词"杨过"在文中出现的次数，并以绘图形式查看"杨过"与"小龙女"在

第8章

Python 第三方库安装及常用库

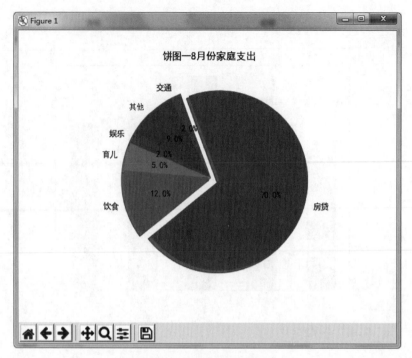

图 8-45　绘制饼图

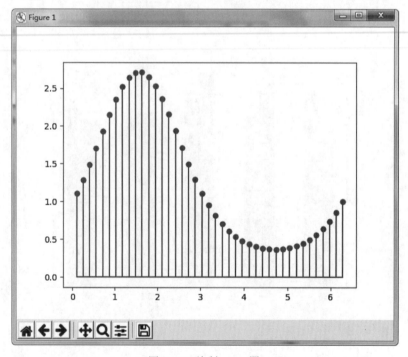

图 8-46　绘制 stem 图

文中出现的位置。

　　提示：用函数 concordance(word)查找上下文，用函数 dispersion_plot(words)绘制词语在文中出现的位置。

【题目 9】 利用 openpyxl 模块创建一个名称为"销售统计"的工作簿,工作簿中有两张名称分别为"电脑销售表"和"打印机销售表"的工作表。用相应命令在"电脑销售表"中添加如图 8-47 所示的数据,最后在 C6 单元格计算电脑销售额总和。

图 8-47 销售统计.xlsx

提示:用 Workbook()创建工作簿对象,用 create_sheet()创建工作表对象。

【题目 10】 利用 wxPython 创建一个窗口,如图 8-48 所示,要求如下:

(1) 插入两个静态文本 stext1 和 stext2,分别显示"用户名"和"密码"。

(2) 插入两个按钮 button1 和 button2,分别显示"确定"和"关闭"。

(3) 单击"关闭"按钮时关闭窗口。

图 8-48 wxPython 窗口界面的创建

习 题 8

【选择题】

1. 在 numpy 库中,可以创建单位数组的函数是(　　)。

　 A. zeros 　　　　　 B. eye 　　　　　 C. ones 　　　　　 D. indices

2. 关于 requests 库,以下说法中错误的是(　　)。

　 A. requests 库是一个处理 HTTP 请求的第三方库

　 B. Response 的 status_code 属性值为 300 时表示连接成功

　 C. request()函数是构建其他网页请求函数的基本方法

　 D. Response 的 text 属性表示 HTTP 响应内容的字符串形式

3. 以下选项中,是网络爬虫第三方库的是(　　)。

　 A. scrapy 　　　　 B. openpyxl 　　　　 C. urllib 　　　　 D. PIL

4. 能够让 Python 程序读取和修改 Excel 电子表格文件的第三方库是(　　)。

　 A. jieba 　　　　　　　　　　　　 B. BeautifulSoup

　 C. openpyxl 　　　　　　　　　　 D. NLTK

5. NLTK 中提供的对句子进行分隔的函数是（　　）。

    A. nltk. sent_tokenize(文本)　　　　　　　　B. nltk. word_tokenize(文本)

    C. nltk. lcut(文本)　　　　　　　　　　　　　D. nltk. cut(文本)

6. wxPython 创建的图形用户界面中静态文本初始值的设定是其构造函数中的哪个参数？（　　）

    A. label　　　　　　　B. value　　　　　　　C. pos　　　　　　　D. name

7. PySide2 生成的窗口中有两个文本框分别为 text1 和 text2，把 text1 存储的内容写到 text2 用的命令为（　　）。

    A. text1. setText(text2. text())　　　　　　　B. text2. setText(text1. text())

    C. text2. setText(text1. getValue())　　　　　D. text2. setText(text1. label)

【填空题】

1. 在 numpy 库中，代表 ndarray 数组元素总数的属性是＿＿＿＿＿。

2. 在 numpy 库中，代表 ndarray 数组元素维数的属性是＿＿＿＿＿。

3. 在 numpy 库中，代表 ndarray 数组每个元素类型的属性是＿＿＿＿＿。

4. 在 numpy 库中，代表 ndarray 数组元素各维大小的属性是＿＿＿＿＿。

5. 网络爬虫是通过网页的＿＿＿＿＿向服务器发送请求，并等待服务器返回响应。

6. scrapy 是一个爬虫框架，要想创建一个名为 sam 的爬虫项目，应使用的命令是＿＿＿＿＿＿＿＿。

7. openpyxl 是一个处理 Microsoft ＿＿＿＿＿文档的 Python 第三方库。

8. 在命令提示符状态下安装 NLTK 的命令是＿＿＿＿＿。

【判断题】

1. 在 numpy 库中，ndarray 数组的所有元素必须是相同类型的数据。　　　　　　（　　）

2. 在 numpy 库中，修改数组切片的值对该切片所在的数组没有影响。　　　　　　（　　）

3. requests 是一个爬虫框架。　　　　　　　　　　　　　　　　　　　　　　（　　）

4. scrapy 结构中的 Scrapy Engine 是不需要用户编写的。　　　　　　　　　　（　　）

5. NLTK 提供的 nltk. word_tokenize(<文本>)可以对句子进行分隔。　　　　　　（　　）

6. Python 中调用 openpyxl. Workbook()函数，将创建一个新的空工作表对象。

    　　　　　　　　　　　　　　　　　　　　　　　　　　　　　　　　（　　）

7. wxpython 生成的按钮上显示的内容不可以修改。　　　　　　　　　　　　　（　　）

【简答题】

1. 怎样使用 matplotlib 库实现数据可视化？

2. 简述网络爬虫爬取程序的基本流程。

附录 A

turtle 库常用函数

turtle 库常用函数如表 A-1～表 A-3 所示。

表 A-1　常用画笔运动命令

命令/缩写	说　明
forward(distance)/fd(distance)	画笔向当前方向移动 distance 像素距离
backward(distance)/bk(distance)	画笔向相反方向移动 distance 像素距离
right(angle)/rt(angle)	画笔顺时针移动 angle 角度
left(angle)/lt(angle)	画笔逆时针移动 angle 角度
setheading(angle)/seth(angle)	设置当前画笔朝向为 angle 角度
pendown()/pd()/down()	移动时绘制图形,为缺省设置
penup()/pu()/up()	提笔移动,不绘图,用于另设位置开始绘制
goto(x,y)	移动画笔到指定坐标位置
circle(radius,[extent,steps])	绘制半径为 radius 像素的圆形,可设定角度 extent 与内切圆变数(详细说明可参见 1.5 节)
home()	设置当前画笔位置为原点,朝向东
dot(r)	绘制一个指定直径和颜色的原点

表 A-2　常用画笔控制命令

命　令	说　明
fillcolor(color)	绘制图形的填充颜色
color(pencolor,fillcolor)	同时设置画笔颜色与填充颜色
filling()	返回当前是否在填充状态
begin_fill()	准备开始填充图形
end_fill()	填充完成
hideturtle()	隐藏画笔的 turtle 形状
showturtle()	显示画笔的 turtle 形状

表 A-3　常用全局控制命令

命　令	说　明
clear()	清空 turtle 窗口,但是 turtle 的位置和状态不会改变
reset()	清空窗口,重置 turtle 状态为起始状态
undo()	撤销上一个 turtle 动作
stamp()	复制当前图形
write(s [,font=("font-name", font_size,"font_type")])	写文本,s 为文本内容,font 是字体的参数,分别为字体名称、大小和类型;font 为可选项,font 参数也是可选项。例如 write("内切多边形",font=("宋体",20,"normal"))

附录 B 　　 turtle 颜色库

turtle 颜色库如图 B-1 所示。

black	bisque	lightgreen	slategrey
k	darkorange	forestgreen	lightsteelblue
dimgray	burlywood	limegreen	cornflowerblue
dimgrey	antiquewhite	darkgreen	royalblue
grey	tan	green	ghostwhite
gray	navajowhite	g	lavender
darkgrey	blanchedalmond	lime	midnightblue
darkgray	papayawhip	seagreen	navy
silver	moccasin	mediumseagreen	darkblue
lightgray	orange	springgreen	mediumblue
lightgrey	wheat	mintcream	blue
gainsboro	oldlace	mediumspringgreen	b
whitesmoke	floralwhite	mediumaquamarine	slateblue
white	darkgoldenrod	aquamarine	darkslateblue
w	goldenrod	turquoise	mediumslateblue
snow	cornsilk	lightseagreen	mediumpurple
rosybrown	gold	mediumturquoise	blueviolet
lightcoral	lemonchiffon	azure	indigo
indianred	khaki	lightcyan	darkorchid
brown	palegoldenrod	paleturquoise	darkviolet
firebrick	darkkhaki	darkslategray	mediummorchid
maroon	ivory	darkslategrey	thistle
darkred	beige	teal	plum
red	lightyellow	darkcyan	violet
r	lightgoldenrodyellow	c	purple
mistyrose	olive	cyan	darkmagenta
salmon	y	aqua	m
tomato	yellow	darkturquoise	fuchsia
darksalmon	olivedrab	cadetblue	magenta
coral	yellowgreen	powderblue	orchid
orangered	darkolivegreen	lightblue	mediumvioletred
lightsalmon	greenyellow	deepskyblue	deeppink
sienna	chartreuse	skyblue	hotpink
seashell	lawngreen	lightskyblue	lavenderblush
chocolate	sage	steelblue	palevioletred
saddlebrown	lightsage	aliceblue	crimson
sandybrown	darksage	dodgerblue	pink
peachpuff	honeydew	lightslategrey	lightpink
peru	darkseagreen	lightslategray	
linen	palegreen	slategray	

图 B-1　turtle 颜色库

附录 C

Python 常用内置函数

Python 常用内置函数如表 C-1 所示。

表 C-1　Python 常用内置函数

函　　数	说　　明
abs(x)	返回 x 的绝对值，x 可以为整数、浮点数或复数，x 为复数时，返回它的模
divmod(x,y)	返回 x//y 和 x%y 的结果
pow(x,y [,z])	幂函数，返回 $x**y$ 或 $(x**y)\%z$ 的值
round(x [,n])	对 x 进行四舍五入，保留 n 位小数，若省略 n，则返回整数
max(x_1,x_2,……x_n)	返回多个参数中的最大值，参数可以为序列
min(x_1,x_2,……x_n)	返回多个参数中的最小值，参数可以为序列
sum((x_1,x_2,……x_n))	返回数值型序列中所有元素的和
int(x[,base])	将 x 表示的浮点数或字符串转换为一个整数，base 代表整数的基数，若省略，默认为十进制整数
float(x)	将 x 表示的整数或字符串转换为一个浮点数
bin(x)	将 x 表示的整数转换为二进制字符串
oct(x)	将 x 表示的整数转换为八进制字符串
hex(x)	将 x 表示的整数转换为十六进制小写字母字符串
complex([real][,imag])	将数字或字符串转换为复数
bool([x])	将 x 表示的整数或字符串转换为布尔值，当 x 为 0、空字符串、空值(None) 时返回 False，否则返回 True
type(x)	返回 x 的数据类型

附录 D math 库常用数学函数和常数

math 库常用数学函数和常数如表 D-1 所示。

表 D-1 math 库常用数学函数和常数

函数/常数	说　明
math. e	自然常数 e
math. pi	圆周率 pi
math. fabs(x)	返回 x 的绝对值
math. ceil(x)	返回不小于 x 的最小整数(向上取整)
math. floor(x)	返回不大于 x 的最大整数(向下取整)
math. trunc(x)	返回 x 的整数部分
math. modf(x)	返回 x 的小数和整数
math. fmod(x,y)	返回 x%y(取余)
math. sqrt(x)	返回 x 的平方根
math. pow(x,y)	返回 x 的 y 次方
math. fsum([x,y,...])	返回序列中各元素之和
math. factorial(x)	返回 x 的阶乘
math. gcd(x,y)	返回整数 x 和 y 的最大公约数
math. isnan(x)	若 x 是 nan 常数,返回 True;否则返回 False
math. exp(x)	返回 e 的 x 次方
math. log(x[,base])	返回 x 的以 base 为底的对数,base 默认为 e
math. log10(x)	返回 x 的以 10 为底的对数
math. log2(x)	返回 x 的以 2 为底的对数
math. hypot(x,y)	返回以 x 和 y 为直角边的斜边长,即 $\sqrt{x^2+y^2}$
math. degrees(x)	将弧度转换为度
math. radians(x)	将度转换为弧度
math. sin(x)	返回 x(弧度)的三角正弦值
math. asin(x)	返回 x 的反三角正弦值
math. cos(x)	返回 x(弧度)的三角余弦值
math. acos(x)	返回 x 的反三角余弦值
math. tan(x)	返回 x(弧度)的三角正切值
math. atan(x)	返回 x 的反三角正切值
math. atan2(x,y)	返回 x/y 的反三角正切值

附录 E random 库常用函数

random 库常用函数如表 E-1 所示。

表 E-1 random 库常用函数

函 数	功 能 描 述
seed(a)	用于初始化随机数种子,a 缺省时默认为当前系统时间。只要确定了随机种子,每一次产生的随机序列都是确定的
random()	用于生成一个[0.0,1.0]的随机小数
uniform(a,b)	用于生成一个[a,b]的随机小数
randint(a,b)	用于生成一个[a,b]的整数,要求 a≤b
randrange([start,]stop[, step])	用于生成一个[start,stop)的以 step 为步长的随机整数。start 缺省时的默认值为 0,step 缺省时的默认值为 1。要求 start≤stop 时,step 为正; start> stop 时,step 为负。有参数 step 时,start 不可以缺省
choice(seq)	用于从序列 seq 中随机选取一个元素
shuffle(seq)	用于将序列 seq 的顺序重新随机排列,并返回重新排列后的结果
sample(seq,k)	用于从序列 seq 中随机选取 k 个元素组成新的序列
getrandbits(k)	用于生成一个 k 比特长的随机整数

附录 F WordCloud 函数常用参数

WordCloud 函数常用参数如表 F-1 所示。

表 F-1 WordCloud 函数常用参数

参　　数	功　能　描　述
font_path	指定字体文件的路径，默认为 None。具体值参见附录 G
width	生成图云图片的宽度，默认为 400 像素，用户可以根据需要修改
height	生成图云图片的高度，默认为 200 像素，用户可以根据需要修改
ranks_only	是否只用词频排序而不是实际词频统计值，默认为 False
prefer_horizontal	词语水平出现的频率，默认值为 0.9，即垂直出现的频率为 0.1
mask	词云的形状，默认值为 None，即长方形
scale	计算与绘制图像间的比例。scale 值越大，字迹越清晰，但是可能会造成词语间的粗糙拟合
font_step	字号之间的步长间隔值，默认值为 1
stopwords	设置屏蔽词，屏蔽词不在词云中显示
max_words	词云中显示的最大词数，默认值为 200
max_font_size	词云中显示的最大字号，默认值为 None，如果不指定，则为图像高度
background_color	图片背景颜色，默认为黑色

附录 G font_path 参数常用值

font_path 参数常用值如表 G-1 所示。

表 G-1 font_path 参数常用值

字　体　名	含　义
simsun. ttc	宋体
simkai. ttf	楷体
SIMLI. TTF	隶书
simfang. ttf	仿宋
simhei. ttf	黑体
SIMYOU. TTF	幼圆
simsun. ttc	新宋体
STCAIYUN. TTF	华文彩云
STFANGSO. TTF	华文仿宋
STXINGKA. TTF	华文行楷
STHUPO. TTF	华文琥珀
STKAITI. TTF	华文楷体
STLITI. TTF	华文隶书
STSONG. TTF	华文宋体
STXIHEI. TTF	华文细黑
STXINWEI. TTF	华文新魏
STZHONGS. TTF	华为中宋
msyh. ttf	微软雅黑
FZSTK. TTF	方正舒体
FZYTK. TTF	方正姚体
SURSONG. TTF	宋体-方正超大字符集

参 考 文 献

[1] 江红,余青松.Python 程序设计与算法基础教程[M].3 版.北京:清华大学出版社,2023.

[2] 嵩天,礼欣,黄天羽.Python 语言程序设计基础[M].2 版.北京:高等教育出版社,2017.

[3] 董付国.Python 程序设计基础[M].2 版.北京:清华大学出版社,2018.

[4] 刘卫国.Python 语言程序设计[M].北京:电子工业出版社,2016.

[5] 张莉.Python 程序设计教程[M].北京:高等教育出版社,2018.

[6] 王小银,王曙燕.Python 语言程序设计[M].2 版.北京:清华大学出版社,2022.

[7] Sneeringer L.Python 高级编程[M].北京:清华大学出版社,2016.

[8] Matthes E.Python 编程——从入门到实践[M].北京:人民邮电出版社,2016.

图书资源支持

感谢您一直以来对清华版图书的支持和爱护。为了配合本书的使用,本书提供配套的资源,有需求的读者请扫描下方的"书圈"微信公众号二维码,在图书专区下载,也可以拨打电话或发送电子邮件咨询。

如果您在使用本书的过程中遇到了什么问题,或者有相关图书出版计划,也请您发邮件告诉我们,以便我们更好地为您服务。

我们的联系方式:

清华大学出版社计算机与信息分社网站: https://www.SHUIMUSHUHUI.com/

地　　址: 北京市海淀区双清路学研大厦 A 座 714

邮　　编: 100084

电　　话: 010-83470236　010-83470237

客服邮箱: 2301891038@qq.com

QQ: 2301891038（请写明您的单位和姓名）

资源下载: 关注公众号"书圈"下载配套资源。

资源下载、样书申请

书圈

图书案例

清华计算机学堂

观看课程直播